KB097859

잘 모르는

건강기능식품

바로 알기

잘 모르는 건강기능식품 바로 알기

1판 1쇄 인쇄 2005년 5월 25일
1판 1쇄 발행 2005년 5월 30일

지은이 · 박정열
발행인 · 이용길
발행처 · 모아북스
독자서비스 · moabooks@hanmail.net
출판등록번호 · 제10-1857호(1999.11.15)
등록된 곳 · 경기도 고양시 일산구 백석동 1332-1 레이크하임 404호
전화 · 0505-6279-784 | 팩스 · 0502-7017-017
홈페이지 · www.moaboos.com(비즈니스 자료 제공)

ISBN 89-90539-30-7 03570

· 이 책의 내용 전부 또는 일부를 발췌하거나 이용하려면 반드시
  도서출판 모아북스의 서면에 의한 동의를 받아야 합니다.
· 파본은 교환해 드립니다.
· 인지는 저자와의 협의에 의해 붙이지 않습니다.

우리 가족 건강을 지키는 '핵심 포인트'의 모든 것

잘 모르는
건강기능식품
바로 알기

박정열 지음

모아북스
MOABOOKS

차례

제2장   웰빙을 향한 건강기능성 식품

제3장 건강기능성 식품과 선택적 효용성

제4장 뉴 라이프 스타일을 위한 어드바이스

건강하고 행복한 삶을 꿈꾸는 이들을 위해

인간은 자연과 더불어 살아갈 수밖에 없는 자연체(自然
體)이다. 자연의 무한한 능력은 만물을 소생시키는가 하면
소멸시키기도 하면서 자연의 순리를 이행한다. 이것을 거스
를 수 없는 과정을 자연의 섭리라고 말하며, 스스로 존재하
는 것이므로 자연(自然)이라고 표현하는 것이다. 인간도 자
연의 이치에 따라 생성되고 소멸하면서 그 안에서 생로병사
(生老病死)를 경험한다.

그런데 인간이 자연의 순리를 방해하면서부터 인간의 안
위와 건강이 위협을 받게 되었다. 광야를 뛰어 놀던 짐승을
우리 속에 가두었고, 푸른 초원을 갈아 씨앗을 뿌리며 경작
에 힘썼다. 물길을 막아 댐을 만들고 산을 깎아 길을 만드는
가 하면, 자동차는 매연을 만들어 냈다. 문명이 인간에게 이
로움을 주는 만큼 자연은 해를 입는 공해나 오염물질을 양
산(量産)해 왔다. 인간이 편의성을 추구한 만큼 또 다른 위

해성(危害性)을 만들어내고 있다는 것을 알기 시작한 것은 그리 오래지 않다. 일신(一身)의 안락함만을 위해 사용했던 지혜의 산물이 바로 피해로 나타난 것이다.

인간은 문명이 발달해 갈수록 상업성에 더 적극성을 보여 왔다. 농산물의 속성재배는 영양적 가치를 떨어뜨리고 오로지 생산성에만 관심을 둔 것이다. 부가적으로 쓰이는 농약(農藥)이나 발색제, 첨가제 등이 먹거리를 오염시키고 있으며 축산물이나 양식업도 조금도 다를 바 없다. 사료에 성장촉진제를 넣고 항생제를 넣어 질병의 예방에 힘씀으로써 이 역시 먹거리를 오염시키는 결과를 낳는다. 또한 우리의 먹거리들은 보존성을 높이고자 방부제를 사용하고 있을뿐만 아니라 음식물 조리과정에서도 화학조미료의 사용은 너무도 당연시되고 있다.

그 뿐만아니라 격심한 스트레스와 업무, 부실한 식사로 인해 건강과는 거리가 먼 생활을 하고 있다. 이러한 현실 속에서 "어떻게 건강을 지킬 것인가" 하는 문제는 함께 풀어야할 과제로 남아있다.

이 책에서는 "어떻게 건강을 지키며 한번 나빠진 건강을 어떻게 관리할 것인가"를 제시하고 우리가 당면하고 있는 문제를 하나하나 짚어봄으로써 좀더 합리적이고 체계적인 건강관리를 할 수 있도록 도움을 주고자 한다. 건강하고 행복한 삶을 희망하는 당신에게 이 글을 전하고 싶다. 한줄 한줄 읽어 가는 동안 마음에 새록새록 새겨지기를 기대해 마지않는다.

저자 박정열 드림

제1장

당신의 건강, 안심할 수 있는가?

남자에게는 암(癌)이 많고,

여자에게는 근골격계 질환이 많다

2003년 7월에 의료보험공단이 발표한 '2002년도 환자 현황을 살펴보면 연간 진료비 500만 원 이상의 중증환자가 무려 30만 명에 이른다' 고 발표했다.

국민건강보험공단(理事長 李聖宰 www.nhic.or.kr)에 따르면 지난해 병·의원에서 치료받은 환자 중 연간 진료비 500만원이 넘는 중증환자는 299,559명으로 확인되었다. 이들의 총 진료비 2조 9,805억원(비급여 제외)이었고, 77%에 해당하는 2조 2,812억원을 보험재정에서 부담한 것으로 밝혀졌다. 중증환자의 남녀별 발생빈도는 남자(159,336명)가 여자(140,223명)보다 약 14% 많은 것으로 나타나 남자가 위중한 질병에 더 많이 노출돼 있음을 짐작할 수 있다.

남자의 질병발병순

①만성신부전(10,869명) ②위암(8,458명) ③폐암(7,642명) ④간암(7,269명) ⑤심근경색(5,060명)

여자의 질병발병순

①무릎관절증(9,393명) ②만성신부전(8,219명) ③유방암(5,672명) ④뇌경색(4,454명) ⑤대퇴골골절(4,432명)

1. 생활 환경과 유해 요소

　우리 몸은 생명활동을 유지하기 위해 쉴 새 없이 일하고 있다. 즉 음식물을 통해 섭취한 영양물질들을 분해하고 합성해 생명활동에 쓰이는 물질이나 에너지를 생성하며 이 과정에서 발생하는 생체에 필요하지 않는 물질을 몸 밖으로 내보내는 작용도 하는데 이러한 생명현상을 신진대사라고 한다.

　뿐만 아니라 우리 몸은 생명현상을 유지하기 위한 수단으로 항상성(恒常性)을 가지고 있다. 인간은 본래 천연식품을 먹으면서 깨끗하고 평화로운 자연환경 속에서 살아왔다. 자연에서 얻어진 대부분의 먹거리는 건강을 지켜주는 알칼리성 식품이지만 산업이 자동화되면서 발달한 식품산업은 인스턴트 식품을 양산하면서 우리 몸의 건강은 큰 위기를 맞게 되었다.

1) 산성식품이 가져온 몸의 변화

① **인체의 산성화(酸性化)는 생명현상을 위협한다.** 인체의 산성화는 아기가 분유식을 먹기 시작하면서부터라고 해야 옳을 것이다. 또한 우리 주위에 널려 있는 가공식품의 과다한 섭취와 운동부족은 인체의 산성화를 촉진시키며 잠시도 피할 수 없는 오염된 물, 공기, 스트레스 또한 건강을 위협하는 산성물질로 인체의 생명활동을 방해하면서 마침내 우리의 건강은 균형을 잃게 된다.

② **인체는 과다한 영양물질을 완전히 흡수하지 못한다.** 인체의 산성화는 타다 남은 영양물질이 체외로 배출되지 못하고 체내에 쌓이게 된다. 또 인체에서 발생한 노폐물은 영양물질들이 분해와 합성을 통해 에너지가 되고 남은 찌꺼기이다. 이 노폐물이 쉽사리 체외로 배출되지 못한 채 몸 속 어딘가 쌓여 있는 독성물질을 유해산소라고 하며 이 산화물질이 체내를 돌아다니면서 말썽을 일으키는 것이 바로 활성산소이다.

③ **인체의 체액이 산성화되면 질병의 징후로 나타난다.** 나이에 관계없이 누구에게나 나타나는 질병의 징후는 식습관에 큰 문제가 있다. 예를 들면 산모가 임신 중에 인스턴트 식품을 즐겨 먹은 결과 태아에게 문제가 생길수도 있고 출산

후 유·소아는 잦은 감기를 앓고 피부염이나 장염 등으로 고생할 수도 있다.

④ **인체는 알카리성에서 산성화가 되면 피가 탁해진다.** 따라서 '몸이 무겁다', '기력이 없다', '속이 좋지 않다', '짜증이 난다' 등 일상생활에서 무기력해지며, 신경이 예민해진다.

⑤ **인체의 산성화는 먼저 피부가 말해 준다.** 피부는 영양상태에 따라 다르고 기온차와 개인의 컨디션에도 많은 영향을 받으나 근본적으로 체내에 쌓인 산성 노폐물이 피부 건강을 자극해 노화를 촉진시킨다.

인체의 산성화에 따른 피부 변화

① 젊은 나이에도 각질 주기가 늦어지고 피부는 거칠어만 간다.

② 피부 트러블이 잦고 기미나 주근깨가 나타나며 뽀루지가 생긴다.

③ 무좀이 생기며 알레르기나 습선(濕癬), 여드름으로 고생하기도 한다.

④ 피부는 검고 탄력을 잃고 나이보다 일찍 검버섯이 생기게 된다.

---

⑥ **인체의 산성화는 면역력에도 깊은 영향을 준다.** 나이를 먹어갈수록 질병에 노출되는 빈도가 높고 만성질환에 시달릴 가능성이 높아진다. 유아나 성인을 가리지 않고 모든 연령층에서 나타나는 알르레기와 천식, 아토피를 볼 수 있으

며 류머티스성 관절염을 비롯해 백혈병, 에이즈 등은 인체의 면역체계가 파괴되어 나타나는 대표적인 질병이다. 암(癌)도 산성환경에서 살아남은 돌연변이 세포가 증식하는 질병들의 유형이다.

> 대표적인 알카리성 식품 : 미역, 다시마와 같은 해조류(海藻類), 시금치나 상추 같은 엽채류(葉菜類), 사과나 감귤 같은 과실류, 감자와 같은 뿌리채소, 된장이나 청국장 같은 자연 발효식품
>
> 대표적인 산성 식품 : 밥, 빵, 국수와 같은 곡류, 달걀 노른자, 어패류, 버터, 치즈, 완두콩, 초콜릿, 대파, 설탕, 주류(포도주 제외)

영양의 불균형은 건강을 악화시키는 지름길이다. 영양적 가치에서 보면 지방, 단백질, 탄수화물의 과다섭취가 건강을 악화시킨다. 이 식품들은 대체로 입맛이 부드러워 누구나 즐겨먹는 산성식품으로 비타민이나 미네랄, 식이섬유는 많이 부족하다. 자신이 즐겨 먹는 음식을 살펴보면 자신이 어떠한 체질의 소유자인지 알 수 있다.

표1 건강을 위한 식품 선택유형 ·······

식품 유형	좋은 음식	피해야 할 식품
어육류	- 쇠고기, 돼지고기, 양고기: 조리 전에 지방을 잘라낸 살코기 - 껍질을 벗긴 가금류 (닭,오리 등) - 생선, 조개류	- 쇠고기, 돼지고기, 양고기: 갈은 고기, 갈비, 내장 - 가금류의 껍질, 튀긴 닭 - 튀긴 생선, 튀긴 조개류 - 고지방 육가공품 예) 스팸, 소시지, 베이컨, 햄
난류	- 달걀 흰자 혈청중성지방이 높은 경우: 일주일에 4개 이하의 달걀 노른자 - LDL콜레스테롤이 높은 경우:일주일에 2개 이하의 달걀 노른자	- 달걀 노른자, 메추리알, 오리알 생선 알젖
저지방 유제품	- 탈지유, 탈지분유, 저지방우유 - 저지방 요구르트 - 저지방 치즈	- 전유, 연유, - 요구르트 - 치즈, 크림치즈 - 아이스크림, 얼린 요구르트 - 커피 크림, 프림
지방	- 불포화지방:해바라기유, 옥수수유 대두유, canola, 올리브유 - 마가린:불포화지방으로 만든 마가린, 저열량 마가린 - 샐러드 드레싱:불포화 지방으로 만든 것. 저지방 또는 무지방 샐러 드레싱 특히 부드럽거나 액체 형태 - 견과(堅果)류: 땅콩 및 견과류	- 코코넛 기름, palm kemel oil 야자유 - 버터, 돼지기름, 쇼트닝 베이컨기름, 고체형 마가린, 소기름 - 난황, 치즈, sourcream, - 전유로 만든 샐러드드레싱 - 코코넛

식품 유형	좋은 음식	피해야 할 식품
곡류, 두류	- 밥, 잡곡밥, 국수, 빵, 두부, 옥수수, 기름 없이 튀긴 팝콘	- 달걀, 지방: 버터가 주성분인 빵과 케익, 고지방 크랙크, 비스켓, 칩, 버터로 튀긴 팝콘 등
국	- 조리 후 지방을 제거한 국	- 기름이 많은 국, 크림, 스프
야채 및 과	- 신선한 야채, 과일, 기름진 소스가 첨가되지 않은 통조림	- 튀긴 야채 및 과일, 혹은 버터, 치즈, 크림 소스가 첨가된 야채 및 과일
간식, 후	- 집에서 만든 음료:식혜, 수정과, 과일화채, 과일 쥬스 - 당분: 흑설탕, 시럽, 꿀, 쨈 - 후식, 과일, 저지방요구르트, 젤로 샤벳, 얼음과자, 허용되는 재료를 사용해 집에서 만든 과자, 케익	- 초콜릿, 코코넛기름, palm kemel 기름, 야자유를 사용해 만든 초콜릿바 종류 - 아이스크림 - 피자, 파이, 케익, 도너츠, 고지방과자 -튀긴 간식류

자료출처 : 국민의료보험공단

2) 건강을 악화시키는 각종 원인들

조금만 불편하고 아파도 참지 못하고 진통제나 소화제를 비롯해 항생제까지도 집안에 비상약으로 두고 있다. 이러한 약물 남용은 장기적으로 볼 때 건강에 나쁜 영향을 끼칠 수 있으며 이러한 편의주의는 신체기능을 약하게 만드는 원인이 되기도 한다.

① **약은 대체로 산성(酸性)이다.** 산성물질은 인체 내에서 피를 탁하게 만들어 피의 흐름을 더디게 한다. 장기간 입원치료를 받은 사람의 회복기간이 느린 이유는 치료목적에 도움이 되지 않는 영양공급을 되도록 억제하고 치료효과를 높이고자 인위적인 편식과 오래동안 약을 복용하면서 빠르게 산성화가 될 수도 있는 문제다.

② **우리가 쉽게 접할 수 있는 드링크제나 음료도 대부분 산성(酸性)이다.** 배달시킨 치킨에 콜라 한 병이 공짜라고 좋아하지만 이 콜라는 습관성(중독성)을 유도하며 우리가 반드시 알아두어야 할 것은 산성체질은 산성식품을 좋아한다는 것이다. 따라서 가끔 먹는 것이야 큰 문제가 되지 않겠지만 습관적으로 마시는 것은 경계해야 한다.

③ **스트레스(禍)는 만병의 근원이다.** 인체는 스트레스를 받으면 체액이 빠르게 산성을 띄게 된다 또한 대사기능이 위축되어 신경이 날카로워지고 근육은 굳어져 긴장하거나 화가 나면 얼굴이 달아오르고 전신이 부들부들 떨리는 것을 경험할 수도 있다.

④ **잘못된 생활습관과 불규칙한 식사는 인체의 신진대사를 방해한다.** 심한 공복감에 먹는 식사는 급하거나 과식하

기 쉬우며 현대인들이 피하기 어려운 과음 또한 지친 몸이 회복할 시간적인 여유가 없다. 위장이나 간장은 더딘 회복의 부담으로 숙취(宿醉) 등을 일으키면서 생체리듬이 깨지고 질병을 유발하게 된다.

⑤ **편식은 가족력(家族歷)을 만드는 원인이 되기도 한다.** 우리들의 건강을 가장 쉽고 빠르게 잃게 하는 것도 편식이다. 이러한 편식으로 발생하는 가족력(家族歷)은 현대의학에서 유전적인 의미를 가지고 있으며 유전인자(遺傳因子)는 조상이나 부모로부터 질병의 원인이 되는 요소를 안고 태어났다는 말과도 같을 수 있다. 비만, 고혈압, 당뇨, 암 등은 물론이고 천식이나 아토피마저도 유전의 가능성을 시사하고 있다.

표2 한국인의 연령 계층별 사인 순위

연령	1위 사망자(사망율)	2위 사망자(사망율)	3위 사망자(사망율)	4위 사망자(사망율)	5위 사망자(사망율)
전체	뇌혈관 질환 34,410(72.9)	심장 질환 18,451(139.1)	운수 사고 12,387(26.3)	위암 11,309(24.0)	간 질환 11,080(23.5)
0세	주산기 질환 1,125(188.0)	선천성 기형 629(105.1)	영아급사증후군 164(27.4)	심장 질환 651(10.9)	폐렴 35(5.9)
1~9세	운수 사고 580(9.3)	사고성 익수 227(3.6)	선천성 기형 127(2.0)	추락 사고 124(2.0)	백혈병 891(1.4)

자료출처 : 국민의료보험공단

연령	1위 사망자(사망율)	2위 사망자(사망율)	3위 사망자(사망율)	4위 사망자(사망율)	5위 사망자(사망율)
10~19세	운수 사고 856(11.9)	자살 363(13.1)	사고성 익수 212(2.9)	백혈병 130(1.8)	심장 질환 99(1.4)
20~29세	운수 사고 1,784(20.9)	자살 1.119(13.1)	심장 질환 272(3.2)	사고성 익수 239(2.8)	추락 사고 208(2.4
30~39세	운수 사고 1,977(22.2)	자살 1,545(17.4)	간 질환 888(10.0)	심장 질환 761(8.5)	위암 582(6.5)
40~49세	간 질환 2,699(41.1)	운수 사고 1,969(30.0)	뇌혈관 질환 1,597(24.3)	간및가내담관암 1,543(23.5)	심장 질환 1,470(22.4)
50~59세	뇌혈관 질환 3,463(80.0)	간 질환 3,137(72.4)	간내 담관암 2,761(63.8)	심장 질환 2,384(55.0)	위암 1,835(42.4)
60~69세	뇌혈관 질환 7,865(265.2)	심장 질환 3,889(131.1)	기관,기관지및폐암 3,688(24.4)	위암 3,381(114.0)	당뇨병 3,006(101.4)
70세 이상	뇌혈관 질환 20,684(1098.8)	심장 질환 9,435(501.2)	당뇨병 5,163(274.3)	만성하기도질환 4,834(256.8)	위암 4,423(235.0)

통계청 1999 (단위:명,인구10만 명당)

3) 무방비 상태로 노출되어 있는 전자파의 유해

전자제품이 사회와 가정 안팎에 가득 놓여 있다. 가정에 텔레비전 없는 집이 없으며, 남녀노소를 막론하고 휴대폰은 필수품이 된 지 이미 오래다. 휴대폰에서 방출되는 전자파가 뇌세포에 치명적인 손상을 준다는 보도가 충격적으로 전해지기도 했다.

이렇듯 우리는 알게 모르게 무방비 상태로 전자파에 노출되어 있으므로 건강증진을 목적으로 선택하는 전기용품은 전자파가 방출될 가능성이 있는지 세심한 주의가 필요하며 사용 중에 방출하는 전자파가 우리의 건강에 끼칠 피해를 줄일 수 있도록 충분한 시간을 갖고 관련된 제품정보와 A/S에 이르기까지 꼼꼼이 살펴보아야 한다.

4) 수맥파는 기초대사에 커다란 장애를 일으킨다

수맥파는 유속이 빠른 지하수가 암벽이나 심한 굴곡을 만나 흐름에 방해를 받고 저항으로부터 일어나는 물의 파장이다. 수맥파는 수직으로 상승하는 성질이 있다. 건축물의 외벽에 수직으로 난 금은 수맥파에 의한 것이라고 볼 수도 있다. 이렇듯 수맥파가 시멘트벽에 균열이 일어날 정도의 강력한 유해파장이라고 한다면 우리의 건강에는 과연 얼마나 심각한 영향을 줄 것인가를 생각해야 한다.

수맥파가 있는 자리는 젖먹이 아기도 스스로 피한다는 말이 있다. 일 예로 아기가 덮어 준 침구를 걷어차 버린 채 엉뚱한 곳에서 자고 있는 경우, 수맥파에 가장 민감한 젖먹이 아기는 수맥의 유해파장을 피해 안전한 곳을 찾아 무의식적으로 옮겨간다는 것이다. 또한 수맥파는 우리가 잠자는 동안에 기초대사에 커다란 장애를 일으킬수도 있다. 예를 들면 수맥파가 교차하는 지점에 환자가 머리를 두고 잔다면 두통을 유발하거나 불면에 시달릴 것이며, 꿈을 많이 꾸기도 하며 복부에 위치한다면 소화장애를 일으키고 숙취에 시달릴 수 있다. 하체부분에 관절통이나 신경통 등을 앓기도 하고 공부방에 수맥이 흐른다면 산만해지고 집중력이 떨어져 노력하는 만큼 성적이 오르지 않는 경우도 있다고 한다.

식물도 수맥파를 싫어한다. 심지어 컴퓨터나 텔레비전, 냉장고 같은 가전제품이 고장이 잘 난다면 간혹 수맥파를 의심해 볼 수도 있고 또한 수맥파가 단기간에 우리 인체에 어떤 영향을 끼친다고 확신할만한 과학적인 근거는 분명하지 않지만 우리 인체에 미치는 영향은 없다고 볼 수는 없다.

5) 좋은 물이 건강을 지킨다

잠시도 멈출 수 없는 호흡에서는 2%의 유해산소가 발생하고, 운동을 하면 20%가 발생할 뿐만 아니라 대사과정에서도 유해산소는 끊임없이 발생한다. 다행스럽게도 우리 몸은 활성산소를 제거하는 정화능력이 있고 항산화물질로 각광받고 있는 비타민C나 비타민E는 음식을 통해 섭취하지만 항산화 물질마저도 그 기능을 다하고 나면 찌꺼기를 남긴다는 사실을 잊지 말자. 다시 말해 우리 몸이 스스로 정화하고 남은 5%의 잔여 활성산소가 체내에 쌓이면서 건강에 문제를 일으키는 것이다.

산성노폐물을 원만히 배출시키는 것은 좋은 물밖에 없다. 나이에 따라 차이는 있지만 우리 몸은 약 70%가 물로 구성되어 있다. 생명유지에 절대 필요한 기초대사의 역군인 세포는 90%의 물로 이루어져 있고 세포막을 넘나드는 것도 물밖에 없다는 것이다. 물은 세포나 조직에 쌓여 있는 노폐물을 신속하게 몸 밖으로 배출하는 중요한 작용을 하며 우리가 먹는 물이 체내를 돌면서 기능을 수행하고 몸 밖으로 나오는 기간이 약 90일이 걸린다.

좋은 물의 조건

① 깨끗하고 안전해야 한다.

② 영양소(미네랄)가 적당히 함유되어 있어야 한다.

③ 체액과 비슷한 알칼리성을 띄어야 한다.

④ 입자가 작은 물은 흡수가 빠르고 순환력이 뛰어나다.

　좋은 물은 클러스트(입자)가 작어야 한다.

2. 페스트푸드와 인스턴트 식품

우리 주변에는 건강을 해치는 유해요소들로 가득한데 그중 첫번째가 바로 우리의 변해 버린 입맛이라 할 것이다. 우리의 입맛은 가공식품산업을 발전시켜 몸을 병들게 하여 의료산업을 발전시키고 있다. 어떤 형태든 질병을 앓고 있는 현대인들은 가공식품의 피해자들이라 해도 지나치지 않을 것이다. 즉 우리는 페스트푸드나 인스턴트식품이 주는 간편함과 입에 당기는 감(甘)칠 맛을 뿌리치지 못하는 것이다. 가공식품을 즐기는 현대인은 마치 달콤한 꿀단지에 빠진 개미와 같다. 자연식품은 자극성이 강하고 거칠어 입에 잘 당기지 않지만 우리의 건강을 지키는 것은 자연식품이라는 사실을 깨달아야 한다.

1) 왜 유기농이어야 하는가?

우리나라는 불과 30년 전만 해도 유기농(有機農)의 천국

이었다. 유기농법은 풀, 짚 또는 가축의 배설물을 썩혀 만든 거름(두엄)을 이용하는 재래농법을 말한다.

재래농법은 생산성이 극히 낮은 반면에 근대의 기술농업은 부가가치를 높일 수 있었다. 즉, 농업의 기계화와 상품성과 수익성을 높이려는 속성재배는 화학비료와 농약의 남용으로 이어졌으며 화학비료는 토양을 산성화시키고 작물은 웃자라서 식물의 영양적 가치가 크게 줄어들고 있다. 제초제나 살충제에 이르기까지 어느 하나 맹독성이 아닌 것이 없다. 조기 출하를 위해 발색제가 사용되고 보관상의 이유로 방부제는 피할 수가 없으며 씻고 깎아 먹는다 해도 유독성분을 완전히 제거할 수는 없다.

속성재배는 극히 제한적인 공간에서 더 많은 수확을 위해 영양적 가치가 무시됨으로써 질적인 저하를 가져왔다. 우리의 건강은 눈에 보이지 않는 만성적인 영양 불균형으로 인해 급·만성질환을 겪게 되기도 한다.

또한 심각한 환경오염은 마시는 물마저 위협하고 있다. 식수를 소독하는 황록색 기체의 염소는 자극성이 강한 냄새를 가진 화학물질로써 인체 내에서 트리할로메탄이라는 발암성 물질을 만들고 농약이나 대기오염물질이 농업용수나 건설목적의 폐공(蔽空)을 통해 지하로 흘러들어 지하수를 오염시키고 있다. 결국 바다에서 얻어지는 수산물에서 납, 수은, 비소 등과 같은 우리의 건강을 위협하는 환경호르몬이 검출되기도 한다.

2) 서구화된 음식문화가 가져 온 폐해

서구식 음식문화의 폐해는 대량영양소의 과잉공급에서 그 원인을 찾을 수 있다. 지방을 비롯한 단백질, 탄수화물이 대량영양소의 주된 공급원이다. 지방과 단백질은 쇠고기, 돼지고기, 닭고기 등에 많으며 탄수화물은 녹색 식물의 광합성으로 생기는 포도당, 과당, 녹말 등이 있다. **서구식 음식문화의 발달은 특히 정백당(백설탕)이나 정백염(나트륨)과 흰 밀가루를 많이 사용함으로써 성인병을 유발하고 있다.**

축산산업이 빠르게 발달하면서 문제가 되는 것은 사료 속의 성장촉진제와 항생물질에 있다. 성장촉진제는 생육(生育)기간을 단축하고 항생제는 질병의 예방과 치료를 목적으로 투여한다. 집단 사육방법은 가축의 운동량이 적어 지방축적이 많아져 속성사육이 가능하고 육질이 부드럽다. 육류의 가공과정에서는 질산염(窒酸鹽)이라는 산화방지제를 써장기간 보관할 수 있다. 모든 생명체는 생육이 중단되거나 상처를 입게 되면 공기 중의 산소와 결합해 산화(酸化)가 시

작되어 색이 검게 변하면서 악취가 나기 때문이다. 그런 질
산염은 음식물이 위장에서 소화액과 만나 위암의 원인인자
로 변이(變異)되기도 한다.

3) 우리가 즐겨먹는 가공식품의 양면성

수입 농산물의 농약이나 방부제가 문제점으로 거론되고
있는 것은 어제 오늘의 일이 아니다. 수입밀이 가공 전에 거
쳐야 할 세척과정이 의문으로 남는가 하면 생육기간과 유통
과정에서 있을 수 있는 맹독성 물질이 포함된 소맥분이 거
부감 없이 체내로 유입되며 또 2차 가공을 거치면서 많은 각
종 식품첨가물들이 상품성을 높이는 데 사용되면서 문제가
날로 심각해 지고 있다.

> **인스턴트 식품의 세 가지 주요 정백(精白)** : 흰 밀가루,
> 백설탕, 정제염

인체 내에서 식품첨가물들이 곧바로 어떤 변화를 일으키
지는 않는다. 우리 몸이 산도(酸度) 2.0의 강산성 식품인 콜
라를 튀김 닭 한 마리와 먹는다 해도 즉각 어떤 반응이 일어

나지는 않는다. 그것은 우리가 가공식품을 즐겨 먹어도 몸이
약알칼리성을 유지하려는 향상성 덕분에 그나마 건강을 유
지할 수 있는 것이다.

***산성화를 촉진하는 대표적인 식품**: 라면, 스넥류,
청량음료, 빵류, 햄류*

 이들 식품은 **영양적 가치 보다는 우선 달고 부드러워 습관
적인 입맛을 유도하고 있다**

3. 영양적 가치와 영양소의 보충

    채소와 과일 속에 있는 영양소는 체내에 들어가서 분해와 합성을 거듭하면서 우리 몸을 건강하게 유지하도록 도와준다. 대체로 산성 체질인 사람은 물과 채소, 그리고 과일을 즐겨 먹지 않는 편이다. 보편적으로 몸이 비대하고 물먹기를 싫어하는 특성도 지니고 있다.

1) 과다하기 쉬운 대량영양소

■ 지방

    지방은 가장 농축된 열량 공급원으로 상온에서 고체의 형태를 이루는 포화지방산과 액상상태를 유지하는 불포화지방산으로 나눈다.

> **포화지방산** :코코낫 오일, 팜유, 동물성 기름
> **불포화지방산** : 참기름, 콩기름, 옥수수기름, 올리브
> 　　　　　　　등과 *DHA, EPA*

지방은 간, 심장, 신장 등의 기관에 보존하며 남는 것은 근육과 피하(皮下)에 저장하며 물과 합성해 피부조직을 재생하고 피하에 저장해 체온을 유지하며 근육의 수축과 이완을 돕고 간에 저장된 지방은 에너지원이 된다. 또한 지방은 몸무게를 늘게 해 비만의 주된 원인이 되며, 단백질과 함께 콜레스테롤 수치가 높아져 피의 흐름을 방해한다. 혈관 벽에 쌓인 과산화지질은 혈관의 경화(硬化)를 유도한다. 식물성유지(油脂)나 생선유지를 많이 먹게 되면 혈전(血栓)을 막아 정상적인 혈압을 유지하는 데 도움이 될 뿐만 아니라, 치매나 심장병, 동맥경화와 같은 혈관계 질환을 예방하는 데 도움을 주기도 한다.

■ 단백질

　단백질은 모든 인체 조직의 성장과 발달에 필요한 기본물질로 아미노산은 효소기능을 하면서 당류를 분해하고 합성하기도 한다. **아미노산은 필수아미노산과 비필수아미노산으로 나뉘며 1000여 종의 효소와 세포를 구성하는가 하면 호르몬생성과 면역계를 촉진시킨다.** 엔돌핀과 아드레날린을 생성해 감정을 엊게하고 뇌하수체를 만들어 자율신경을 조절하는 등 생명현상에 직접적으로 관여한다.

　또한 단백질은 지방의 산화를 방지하고 혈액, 장내기관,

근육, 머리카락, 손톱 등을 자라게 한다. 단백질이 부족하면 손톱이 갈라지고 부종(浮腫)이 나타나며 면역체계의 이상이 생기는 반면에 단백질을 많이 섭취해도 과산화지질(脂肪酸)을 유발해 지방과 결합, 뇌세포에 침착해 기억력이 떨어지고 판단력이 흐려지며 노망에 이르기도 한다 하지만 콩과 같은 식물성 단백질을 즐겨 먹는 것은 건강 증진에 많은 도움을 줄 수 있다.

■ 탄수화물

탄수화물은 신체기능과 조직의 활동에 필요한 에너지의 공급원으로 다른 음식물의 소화와 흡수를 촉진시키며 지방과 단백질대사를 도와 인체 조직형성에 필요한 영양소이다. 대뇌세포에 필요한 포도당의 주공급원으로 단당류, 이당류, 다당류로 분리된다. 녹말, 글리코겐, 셀룰로오스와 같은 다당류는 당대사를 조절하는 기능이 있고 당은 에너지대사에 깊이 관여하면서 밥이나 밀가루, 또는 설탕을 많이 먹으면 당대사에 문제를 일으키는 원인물질이 되기도 한다.

나트륨(소금)이나 당은 혈액을 탁하게 해 신진대사에 장애를 일으키기 쉽다. 탄수화물이 지나치게 많은 염적 가공식품이나 정백 가공식품 등은 염소성분인 나트륨염, 글루탄산 나트륨, 구아닐산 나트륨, 이노신산 나트륨 등의 성분을 함유하고 있다. 베이컨, 소세지, 햄, 런천미트 등 육류가공 식품에는 발색제인 아질산염 나트륨이 단백질의 분해산물인 아민류와 반응해 니트로사민이라는 발암물질을 생성한다. 학습능력이 떨어지는 아동은 감자를 많이 먹게 하면 좋은데 감자의 칼륨 성분이 나트륨을 체외로 배출시키기 때문이다.

2) 결핍되기 쉬운 미량영양소

대량영양소가 타는 영양소라면 미량영양소는 태우는 영양소로써 비타민과 무기질(미네랄)이 있다. 비타민은 체내에 흡수되면 효소와 보효소가 되어 지방, 단백질, 탄수화물 등 대량영양소를 태우는 불쏘시개의 역할을 하며 무기질은 세포 내외의 체액의 산성화를 방지해 알칼리성을 유지하도록 도와준다. 다시 말해 신진대사의 화학반응을 가능케 하는 효소의 구성성분이 되는데 이 성분들은 물, 채소, 과일 등을 통해 공급받게 되므로 결핍되기 쉬운 영양물질이라는 점에서 식생활에서 편식을 경계해야 한다.

■ 비타민

비타민은 주로 과일이나 채소에서 공급받는데 수용성비

타민은 물에 녹으며 지용성비타민은 지방에 용해된다. 또한 비타민D는 광(햇빛)합성으로 이루어지기도 하며 인체는 비타민 성분들이 부족하면 각종 질병을 유발하는 원인이 되기도 한다. 대표적인 증상으로 우리는 비타민A가 부족하면 시력저하, 야맹증의 원인이 되며, B1이 부족하면 각기병이 나타나고 B3가 부족하면 페라그라(설사)병에 걸리기 쉽다. B3가 부족하면 빈혈과 신경부조증이 나타나고 피부, 입, 코가 헌다. B12는 해독이나 헤모글로빈에 관여하며, 팔, 다리가 허약해 보행이 불편하고 마비증상이나 신경계부조증상이 나타난다. 비타민B는 근육이 약화되고 괴혈병을, 비타민D는 칼슘의 수송 장애로 뼈에 이상이 오는데 구루병이나 골다공증을 촉진시킨다.

비타민C는 필수비타민으로 음식물을 통해 공급해야 한다. 공기 속의 바이러스를 막아주며, B형 간염이나 수술시 세균의 침입을 막아준다. 디스크를 치유하고 뇌출혈 방지, 콜레스테롤 강하, 콜레스테롤을 담즙산으로 만들어 십이지장으로 보내며 발암물질을 막고 콜라겐을 합성해 암조직의 확장을 억제하며, 골조직(骨組織)의 노화를 억제하는 효과가 있다. 지용성 비타민은 수은, 납, 비소, 염소, 페놀 같은 공해물질을 체외로 배출하도록 돕는다. 항산화작용과 유리기 포착작용이 강력해 과산화지질의 생성을 억제한다. 비타민은 열

에 약해 조리시에 대부분 파괴되므로 각별한 주의를 해야
한다.

비타민을 많이 포함하고 있는 식품 : 푸른 채소류, 맥주효
모, 간, 내장고기, 통곡식, 소맥배아, 당밀, 생선, 우유, 계란,
치즈, 콩류, 알팔파, 감자, 과일, 굴, 호박씨, 쌀겨, 현미, 과일
씨, 버섯, 딸기, 토마토, 스쿠알렌, 땅콩

비타민을 파괴하는 항비타민 : 알콜, 항생제, 피임약, 커피,
바이러스의 감염, 수면제, 스트레스, 과도한 설탕, 설파제,
흡연, 생선회, 소다, 과도한 전분질, 방사선, 만성 소화장애,
칼슘결핍, 철분결핍, 화상, 대수술, 추위와 더위, 아스피린,
베이킹소다, 간질병, 방부제, 지나친 운동, 비타민D의 결핍,
공기오염, 염소(鹽素), 광유(鑛油), 산패유(酸敗油)

■ 무기질(미네랄)

무기질은 미네랄이라고도 하며 우리가 쉽게 섭취하면서
도 부족하기 쉬운 또 하나의 영양소라고 할 수 있다. 공해로
인한 산성비가 식물 체내에 있는 미량 미네랄인 철, 아연, 크
롬, 셀레늄, 니켈, 망간 등의 부족현상을 초래해 농작물의 광
합성에 지장을 주며 속성재배한 농작물은 미네랄이 거의 없
다. 칼슘이 뼛속에 침착하기 위해서는 마그네슘, 구리, 아연,

크롬, 망간, 철, 규소, 니켈, 불소 등이 필요하다. 또한 미네랄은 갑상선호르몬이나 췌장에서 분비되는 인슐린 등 호르몬 합성에 필수 불가결한 양양소이다.

마그네슘 : 칼슘과 더불어 천연신경안정제(트랭킬라이저)로 체내의 70여 종의 효소와 관계하고 심장병을 예방해 준다. 심장의 근육운동은 칼슘, 마그네슘, 칼륨 등이 돕고 있으나 특히 마그네슘이 가장 중요하다. 심기능향상, 혈압강하 효과, 부정맥(심장이 갑자기 멎는 병)을 예방하며 푸른 채소, 해조류(海藻類), 천연 소금에 많이 포함되어 있다.

셀레늄 : 불포화지방산의 산화방지에 매우 강력하고 비타민E의 1,970배의 위력을 가지고 있으며 맥주효모에 많이 있다. 과산화지질과 단백질이 결합해 만들어진 리포푸소친이라는 노화물질을 분해한다. 글루타치온 피옥시다아제라는 효소가 수은, 카드뮴과 같은 중금속 물질을 체외로 배출시키고, 면역력 향상, 생식기능 증강, 심기능을 향상시키는 능력을 가지고 있다.

아연과 크롬 : 당뇨병과 저혈당을 예방한다. 아연은 인슐린을 합성하는 절대적인 요소로 칼륨, 칼슘과 더불어 인슐린의 활성을 도와주어 당분을 세포 안으로 흡수시키는 작용을 하고 간장이나 장내세균에 의해 내당인자(GTF)를 합성하고 작용한다. GTF는 크롬을 중심으로 비타민B 복합체인

니이아신, 아미노산의 일종인 트립토판, 글라이신, 글루탐산, 시스틴 등의 화합물이다. GTF는 비정상적인 고혈당이나 저혈당을 정상으로 돌려놓는 작용을 한다.

아연 : 면역과 성장을 촉진하고 성기능을 향상시키는 능력을 가지고 있다. GTF는 수명연장에 도움을 주며, 허한 공복감, 감미료의 욕구도 줄여 준다. 아연은 초유에 많으며 미각을 향상시키고 굴, 조개, 녹황색 채소, 양파, 밀기울 등에 많다. 아연은 주위가 산만한 어린이나 학습아동의 집중력을 키워 주며 아연은 대뇌의 중추신경을 정화시키는 작용을 한다. 크롬 결핍이 동맥경화나 관상동맥경화로 나타나는 심장병의 중요한 원인으로 보고 있다.

미네랄을 많이 함유하고 있는 식품 : 맥주효모, 간, 쇠고기, 버섯, 생선, 굴, 조개, 우유, 녹색채소, 콩류, 해산물, 자연수(식수), 아몬드, 치즈, 홍차, 건과류(乾果類), 계란노른자, 과일씨, 감자, 옥수수, 장류(醬類), 젓갈류, 영지버섯, 율무, 마늘, 알로에, 클로렐라, 인삼

항미네랄 : 알콜, 커피, 코티숀, 이뇨제, 과도한 소금, 스트레스, 살충제, 변비약, 화장품, 아말감(충치), 제산제, 하제, 설탕, 오염된 생선, 철, 수은, 카드뮴, 비소, 염소(鹽素), 칼륨의 결핍, 칼슘의 과잉섭취, 인의 결핍, 피틴산, 피임약

3) 현대인에게 각광받는 식이섬유

식이섬유라는 말은 인체 소화기관에서 분비액에 의해 소화되지 않는 모든 식품의 화합물을 가리키는 것으로 식이섬유는 수용성(水溶性)과 불용성(不溶性)으로 나눈다. 그 역할을 살펴보면 위의 공복감을 줄여주고 포만감을 높여 과식을 막아 주므로 음식물이 장내에서 오래 머물러 당의 흡수를 느리게 해준다. 췌장에서 분비되는 인슐린의 분비를 조절해 당대사를 좋게 하며 장내의 100조 개가 넘는 미생물 중 유익균의 생장(生長)을 도와 장 을 편안하게 해준다.

식이섬유는 지방을 흡착해 체내흡수를 줄여주며 혈액 내 지질(脂質)을 감소시켜준다. 콩이나 밀기울로 만든 재래장류나 김치류는 장 환경을 좋게 하는 데 아주 좋으며 끓여 먹기보다 날 것을 그대로 먹는 것이 더 효과적이다.

장 환경이 좋지 못하면 장내 유독성 물질의 생성을 돕는다. 장에서 생성되는 면역기능(B임파구)을 저하시키는 한편, 시드알데하이드라는 대장 내 활성산소를 만든다. 장에서 생성된 유독성 물질들은 신체의 각부 장기의 기능을 약하게 만든다. 악취나는 방귀는 건강의 적신호로 방귀에는 유화수소나 암모니아가 섞여 있는데 이 독소가 변비나 장의 이상을 가져와 간염이나, C형 간염, 간경변으로 발전하기도 한다. 이 증상들은 복수(腹水)가 차고 눈에 황달기가 나타나면서 체중이 감소하기도 하고 빈혈증상이 함께 나타나기도 한다.

식이섬유가 많이 함유된 식품 : 보리밥, 현미밥, 콩밥, 오곡밥, 보리빵, 통밀빵, 메밀국수, 보리국수, 시리얼, 사과, 복숭아, 배, 딸기, 감, 살구, 바나나, 메론, 대추, 오렌지, 건포도, 자몽, 부로콜리, 배추, 당근, 옥수수, 감자(껍질 포함), 미나리, 깻잎, 김, 미역, 파래 등

4. 미용을 위한 생활

우리 몸 중에서 얼굴의 피부는 약 pH5.5 정도이며, 신체 부위에 따라 피부조직도 조금씩 차이가 난다.

고운 피부를 가꾸는 3중 세안법

첫째, 메이컵을 클린징한다.

둘째, 알칼리성(세안용 비누) 제품으로 세안을 한다 (알카리는

　　　지방을 녹임).

셋째, 스킨로션으로 닦아낸다.

흔히 아스라고 하는 아스트리젠트는 피부를 진정시키고 소독을 해 주며 낮 동안에 자외선이나 바람, 온도, 피부의 호흡장애로 들뜨고 거칠어진 피부를 진정시키고 땀이나 공기 중의 오염물질과 바이러스 등으로부터 피부를 보호해 준다. 좋은 물을 매일 2 l 이상 꾸준히 마시기만해도 주름 없는 젊고 탱탱한 피부를 유지할 수 있다. 또한 밀크로션은 미백과

영양 공급을 목적으로 피부의 노화를 막는 데 필수적인 요소라 할 수 있다. 자외선 차단제는 피부의 스트레스를 막는 최선의 방법으로 기초화장을 끝내고 자외선 차단제로 마무하면 좋다.

1) 스트레스와 피부 건강

얼짱이 되려면 지속적이고 정성스런 피부손질이 기본이다. 건성피부는 수분과 영양결핍에서 나타나는 피부반응이며 기미, 주근깨는 영양부족과 자외선에 노출된 피부의 부작용으로 자외선 차단제 선택에 각별한 주의를 해야 한다. 피부관리에 별다른 문제가 없다면 과도한 스트레스나 자신의 건강상태를 점검해 볼 필요가 있다. 또한 간장 질환, 여성 질환, 소화기 장애에서 오는 변비 등이 피부건강에 직접적인 영향을 주는 원인이 될 수 있으므로 건강한 피부를 원한다면 자신의 건강상태를 살펴보는 것이 올바른 방법이 될 것이다.

목욕 후의 피부관리는 고운 피부를 가꾸는 비결 중의 하나로 목욕 후에 사용하는 바디오일, 로션, 크림은 피부의 건조를 막아 준다. 즉 세정 후의 피부가 체열이나 공기에 의해 수분이 증발하면서 건조해진 피부에 수분과 영양을 공급하면서 피부진정 효과를 높여 주며 피부의 혈액순환을 도와 근육의 이완작용에 도움을 준다.

2) 아름다움을 위한 화장

우리 몸은 비자연적인 물질을 싫어한다. 피부 속에 살고 있는 데모덱스라고 하는 모낭충은 석유(石油)가 원료인 미네랄오일을 먹고 사는데 모낭충은 모공(毛孔) 속에 깊숙이 자리잡아 모공을 넓게 하고 화장을 들뜨게 하며, 피부에 염증을 일으키기도 한다. 모낭충을 없애는 비결은 식물성 화장품을 골라 쓰면 간단히 해결된다.

피부트러블은 체질에 맞지 않는 화장품을 사용하는 데 있다. 체질(體質)은 햇빛을 좋아하는 양(陽)체질과 그늘을 좋아하는 음(陰)체질이 있다. 바꾸어 말하면 양체질은 밝은 기운이 솟구치는 태양인(太陽人)과 음체질은 고요함을 좋아하는 태음인(太陰人), 복합성 체질인 소양인(少陽人)과 소음인(少陰人)으로 나누기도 한다. 음식도 본인 체질에 맞추어 먹듯이 화장품도 사용자의 체질과 연관해 발진(發疹)이 나타나는 등 피부가 이상반응을 보이기도 한다. 전문가가 아닌 일반인은 방법론적으로 어려움이 있겠지만 '자기만의 특별한 선택법'이라는 점에서 따져 볼 만하다.

3) 청결과 피부보호를 위한 세탁세제 사용

옷은 체온유지, 피부청결, 피부보호와 같은 중요한 역할을 한다. 옷의 청결과 피부건강은 불가분의 관계가 있다. 때로는 외부로부터 병원체가 침투할 수 있는 환경과 인체 내 면역기능의 부조화로 피부질환이 발생하기도 한다. 피부질환의 유발인자를 세탁세제가 자극할 수 있으므로 민감한 피부의 소유자는 순한 제품을 골라 써야 한다. 대부분 세탁물의 소독과 청결을 위해 세제를 넣고 삶기도 하는데 좋은 세탁방법이라 할 수 없다. 살균효과는 있겠지만 세제의 독성이 섬유 깊숙이 침투해 피부를 자극할 수도 있기 때문이다.

세탁세제는 세탁 후 세제의 잔여물이 섬유에 남지 않아야 한다. 섬유의 노화를 촉진하고 세탁 후 보관한 직물이 변색되거나 탈색되는 것도 세제가 원인이 될 수 있기 때문이다. 섬유가 노화되면 탄력성을 잃어 정전기가 발생, 인체에 스트레스를 주어 피부건강뿐만 아니라 정신건강에도 이롭지 않다. 계면활성제는 세탁물의 청결 정도를 결정하며, 더욱 깨끗한 빨래를 원한다면 다목적세제나 소독세제를 첨가해 사용할 수 있다. 세탁기의 수량(水量)이 만수위에서 10㎎ 정도를 각각 첨가해 사용하면 좋다.

세탁물을 헹굴 때 사용하는 섬유유연제는 물에 잘 녹아

섬유의 올 깊숙이 침투해 부드러움과 탄력성을 유지시키고 섬유를 노화로부터 보호해 주며 세탁물에 부착된 금속성 물질이나 세탁기 또는 하수도 시설물의 부식을 막는 등 다양한 기능도 한다.

4) 만성적인 피부질환의 원인

세탁기에 있는 오염물질은 피부염의 양성균(陽性菌)의 온상이 될 수 있다.

세탁기의 드럼통 이면에 끼어 있는 오염물질은 눈에 보이지 않아 피부건강을 나쁘게 하는 사각지대라고 할 수 있다. 또 침구나 먼지에 날리는 집 진드기는 150여 종으로 알려져 있으며, 특히 호흡기 질환을 일으키고 심하면 알르레기나 천식을 일으키기도 한다.

주방용 세제는 가족들의 건강과 직결되는 것이므로 무분별한 사용을 줄이고 세제의 잔여물이 남지 않도록 각별히 주의를 기울여야 한다.

1종세척제 : 과일이나 채소 전용 세척제
2종세척제 : 기름진 음식물을 담은 식기 세척제

물을 많이 사용하는 주부들은 주부습진에 잘 걸린다. 피부가 벗겨지거나 물집이 생겨 손이 거칠어지고 심하면 피부가 갈라지는 주부습진은 곰팡이가 원인이지만 세제의 잔여물이 그 증세를 더 악화시킬 수 있다는 점을 고려해 선택에 유의해야 한다.

5) 피부노화와 주름살 개선

노화에 따른 피부세포의 특징적인 변화는 섬유아세포수가 감소하고 섬유아세포배가 시간이 증가하며 표피세포의 회전율(turnover)이 크게 느려지는 것이다. 또한 피부수분량의 감소와 함께 콜라겐이나 엘라스틴의 양도 크게 줄고, 표피와 진피의 두께도 얇아져 피부의 탄력성이 크게 감소함으로써 피부노화가 이루어지는 것이다. 피부노화는 크게 두 종류로 나눌 수 있는데, 첫째는 내인성 노화로써 세월이 지나감에 따라 피할 수 없는 생리적 노화현상을 말하고, 둘째는 외인성 노화로써 오랫동안 햇빛에 노출된 얼굴, 손등 목 뒤 등의 피부에서 관찰되는 노화현상으로 내인성 노화현상과 자외선에 의한 영향이 합쳐진 결과의 노화현상이다. 특히 햇빛에 의한 광노화현상은 자외선의 노출을 피하면 예방할 수 있는 피부노화 현상이다. 피부노화의 각각의 임상적

특징을 살펴보면, 내인성 노화는 잔주름, 피부건조증, 탄력 감소 등을 들 수 있는 데 반해 광노화는 굵고 깊은 주름이 발생하며, 잔주름도 많이 발생한다. 즉, 햇빛에 노출된 피부는 각질층이 두꺼워지고 콜라젠이나 엘라스틴이 변성되면서 피부의 탄력성을 잃어가게 된다. 또한 노인성 반점, 주근깨 등이 쉽게 발생하며, 여드름이나 피지선의 증가도 가져올 수 있다. 얼굴과 같이 자외선에 오랫동안 노출된 피부에는 주름살이 더 굵게 더 많이 발생한다. 자외선에 의한 주름살이 발생하는 원인은 아직 확실하지 않으나 일반적으로 자외선에 의해 콜라젠 및 엘라스틴 등의 기질단백질이 손상 및 변성되어 주름살이 생긴다고 알려져 있다.

그 밖에 주름살이 발생하는 원인 중 하나는 여성의 폐경 이후에는 더욱 많이 발생한다는 사실이다. 따라서 폐경 이후 에스트로젠을 복용하는 여성은 복용하지 않는 경우에 비해 주름살의 발생이 감소함으로써 에스트로젠의 탁월함을 알 수 있다. 또한 피부미용 기능성 식품 또한 피부의 기능개선, 미백작용, 보습효과 등을 목표로 하는 식품이므로 피부 주름개선, 피부미백작용, 피부탄력유지(보습) 등에 유용하다고 볼 수 있다.

제2장

웰빙을 향한 건강기능성 식품

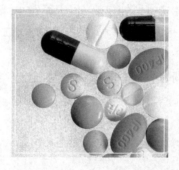

건강기능성 식품은 건강증진과 질병의 예방에

직접적인 영향을 미친다

　2004년 8월부터 시행된 '건강기능성 식품에 관한 법률'을 중심으로 건강기능성 식품에 대해 알아보고자 한다. 먼저 법률을 제정하게 된 배경을 보면 이전의 법률 체계에서는 건강기능성 식품하면 건강보조 식품과 특수영양식품군으로 나누었다. 특수영양식품 중에는 영양보충용 식품, 인삼 제품류 등으로 나누어 식품위생법의 범주에 포섭(包攝)시킴으로써 식품안전체계상으로 일반식품과 동등하거나 유사한 정도로 규제해 왔다.

　일반 식품과는 달리 건강기능성 식품은 국민의 건강 증진과 질병의 예방에 보다 직접적인 영향을 미친다. 따라서 이에 대한 안전성과 기능성에 대한 과학적 증명과 운영관리시스템을 마련해야 할 필요성이 거론되었다.

　미국이나 일본 등 선진국의 경우에는 국민건강 증진과 국민의료비 절감차원에서 국가가 정책적으로 건강기능성 식품에 대한 별도의 법률체계를 마련해 국민보건에 기여하고 있다. 우리도 이 점을 감안해 건강기능성 식품에 관한 법률 제정이 본격화 되었다. 법률적인 의미를 살펴볼 때 규제의 눈치를 살피기보다 국민의 건강과 산업의 국제적인 경쟁력을 키우기 위해 모두의 적극적인 협력이 앞서야 한다.

1. 건강기능성 식품별 정의

　국내에서는 영업자(판매자)가 건강기능성 식품의 명칭, 원재료명, 제조방법, 영양소, 성분, 사용방법, 품질 등에 관하여 허위표시와 과대광고를 할 경우 법률로 엄격하게 규제하고 있다. 질병의 예방과 치료에 효과, 효능이 있거나 의약품으로 오인·혼동할 우려가 있는 내용, 소비자를 기만하거나 오인·혼동시킬 우려가 있는 내용. 의약품의 용도로만 사용되는 명칭(한약의 처방명 포함)의 표시나 광고, 규정에 의해 심의를 받은 내용과 그 내용이 다른 표시 또는 광고 등을 대상으로 하고 있다.

　건강기능성 식품의 품질관리 규정은 건강기능성 식품을 섭취하는 최종 소비자의 만족을 최우선으로 하고 있다.

　건강기능성 식품의 정의 *: "인체에 유용한 기능성을 가진 원료나 성분을 사용해 정제, 캡슐, 분말, 과립, 액상, 환 등의 형태로 제조 가공한 식품"*

건강기능성 식품의 용기, 포장은 식품위생법에 의해 신고를 필한 업소에서 제조한 것을 사용해야 한다. 기준 및 규격은 원료의 채취에서부터 제조와 가공을 거쳐 최종 소비자에게 섭취될 때까지 제품의 안전성 및 품질을 유지시키는 데 목적이 있다.

1) 식약청이 정한 기능성 식품

건강기능성 식품은 크게 32종으로 분류하고 있다. 식품의 약품 안전청(KFDA)은 국민건강 증진에 목적이 있는 건강기능성 식품의 유형을 선정하고 꼼꼼히 나누어 식품의 기능성을 인정하고 있다. 제조공정에 있어 원료를 혼합, 충전, 타정시 그 특성에 따라 열, 공기접촉에 의해 산화, 열화, 변질이 되지 않게 해야 한다.

(1) 영양 보충용 제품

단백질, 비타민, 무기질, 아미노산, 지방산, 식이섬유 중 영양소 1종 이상이 주원료이며, 이러한 영양소의 보충을 목적으로 한 건강기능성 식품을 말한다. 식사를 대신하거나 영양소 이외의 다른 성분의 섭취가 목적인 것은 제외하고 있다.

단백질 보충이 목적일 때는 최종제품의 1일 섭취량당 단백질의 최소함량은 영양소 기준치의 20.0% 이상이어야 한다. **비타민** 보충이 목적일 때는 최종제품의 1일 섭취량당 비타민의 최소함량은 영양소 기준치의 30.0% 이상이어야 한다. 비타민A와 비타민D의 경우에는 최종제품의 1일 섭취량당 단백질의 최소함량은 각각 700.0㎍RE,5.0㎍ 이상이어야 한다. 또 비타민A의 전구체인 베타카로틴(βcarotene)을 비타민A의 급원으로 사용할 수 있으며, 이 경우 6.0㎍ βcarotene을 1.0㎍RE로 계산한다. **무기질** 보충이 목적일 때는 최종제품의 1일 섭취량당 무기질의 최소함량은 영양소 기준치의 30.0% 이상이어야 한다. **아미노산** 보충이 목적일 때는 최종제품의 1일 섭취량당 아미노산의 최소함량은 별도로 정한 기준치 이상이어야 한다. 단일 아미노산으로 2.0g 이하, 아미노산 총량으로 10.0g이어야 한다. **지방산**의 보충이 목적인 경우에는 최종제품의 리놀렌산(linoleic acid), 리놀렌산(linoleic acid)의 함량은 단독 또는 두 가지를 조합해 1일 섭취량당 4.0g 이상, 리놀렌산은 0.6g 이상 되어야 한다. **식이섬유** 보충이 목적인 경우에는 최종제품의 1일 섭취량당 식이섬유의 함량이 5.0g 이상이어야 한다. **칼슘** 함유 원료를 사용해 칼슘 원료를 제조할 때 소성(燒成)은 가열을 충분히 해 잔류 유기물이 없도록 해야 하며, 비소성제품은 멸균공정을 거쳐야 한다. 소성 또는 건조한 것은 분쇄 및 사별해야 한다.

(2) 인삼 제품

인삼 농축액은 인삼(태극삼 포함)근(100%)으로부터 물이나 주정 또는 물과 주정을 혼합한 용매(溶媒)로 추출해 여과한 과용성 인삼성분을 그대로 농축한 것을 말한다. 인삼 농축액 분말은 인삼 농축액을 그대로 분말화한 것을 말하며, 인삼 분말은 인삼근(100%)을 건조해 분말화한 것을 말한다. 인삼 성분 함유 제품은 인삼 농축액, 인삼 농축액분말, 인삼 분말 또는 가용성 인삼 성분을 주원료인 가용성인삼 성분(인삼사포닌 80.0㎎/g을 기준으로 할 때) 10.0%로 해 제조·가공한 것을 말한다.

(3) 홍삼 제품

홍삼 농축액은 수삼을 증기 또는 기타의 방법으로 쪄서 익혀 말린 홍삼으로부터 물이나 주정 또는 물과 주정을 혼합한 용매로 추출 여과한 가용성 홍삼 성분을 그대로 농축한 것을 말한다. 홍삼 농축액 분말은 홍삼 농축액을 그대로 분말화한 것을 말하며, 홍삼 분말은 홍삼근(100%)을 건조해 분말화한 것을 말한다. 홍삼 성분함유 제품은 홍삼 농축액,

홍삼 농축액분말, 홍삼 분말 또는 가용성 홍삼 성분을 주원료인 가용성 홍삼 성분(인삼 사포닌 70.0㎎/g을 기준으로 할 때) 10.0%로 해 제조·가공한 것을 말한다.

(4) 뱀장어유 제품

뱀장어유 제품은 뱀장어에서 채취한 기름을 식용에 적합하도록 정제한 것 또는 이를 주원료(98.0%)로 해 캡슐에 충전·가공한 것을 말한다. 기능성분 또는 지표성분의 함량은 최종제품은 에이코사펜타엔산(Eicosapentaenoic acid, EPA)의 함량이 1.0% 이상, 도코사헥사엔산(Docosahexaenoic acid, DHA)의 함량이 2.0% 이상이어야 한다.

(5) 에이코사펜타엔산(EPA) 및 도코사헥사엔산(DHA) 함유 제품

에이코사펜타엔산(EPA) 함유 제품은 식용 가능한 어류, 수서동물, 조류(藻類)에서 채취한 에이코사펜타엔산을 함유한 유지를 식용에 적합하도록 정제한 것 또는 제조 가공한 것을 말한다. 도코사헥사엔산(DHA) 함유 제품은 식용 가능한 어류, 수서동물, 조류(藻類)에서 채취한 도코사헥사엔산을 함유한 유지를 식용에 적합하도록 정제한 것 또는 제조 가공한 것을 말한다. 이들 제품은 각각 주성분의 함량이

12.0% 이상이어야 한다. 에이코사펜타엔산(EPA) 및 도코사헥사엔산(DHA) 함유 제품은 도코사헥사엔산(DHA)함유 제품은 식용 가능한 어류, 수서동물, 조류(藻類)에서 채취한 에이코사펜타엔산(EPA) 및 도코사헥사엔산을 함유한 유지를 식용에 적합하도록 정제한 것 또는 제조 가공한 것을 말한다. 주성분의 함량이 둘을 합해 12.0%이고 각각 6.0% 이상이어야 한다.

(6) 로얄제리 제품

생로얄제리는 일벌의 인두선에서 분비되는 분비물로 식용에 적합하도록 이물을 제거한 것을 말한다. 최종제품의 10-히드록시-2데센산(10-HDA)의 함량이 1.6% 이상이어야 한다. 동결건조 로얄제리는 생로얄제리를 동결건조한 로얄제리를 말한다. 최종제품의 10-히드록시-2데센산(10-HDA)의 함량이 4.0% 이상이어야 한다. 로얄제리 제품은 주원료 (생로얄제리 35.0%) 이상, 동결건조 로얄제리 14.0% 이상)로 제조·가공한 것을 말한다. 최종제품의 10-히드록시-2데센산(10-HDA)의 함량이 0.56% 이상이어야 한다.

(7) 효모 제품

건조 효모제품은 식용 효모균주를 분리, 정제해 건조한 것을 말하며, 최종 효모제품은 조단백질의 함량이 40.0% 이상이어야 한다. 건조 효모제품은 건조 효모를 주원료(60.0%로 해 제조·가공한 것을 말한다. 최종 효모제품은 조단백질의 함량이 24.0% 이상이어야 한다. 효모 추출물 제품은 식용 건조 효모균주를 분리, 정제한 후 자가소화, 효소분해, 열수 추출 등의 방법에 의해 추출한 식용효모 추출물을 주원료(고형분 함량으로 30.0% 이상)로 해 제조한 것을 말한다(단, 액상제품은 고형분 함량으로 15.0% 이상) . 최종 효모제품은 조단백질의 함량이 10.0% 이상이어야 한다(단, 액상제품은 고형분 함량으로 5.0% 이상).

(8) 화분 제품

화분은 벌 또는 인공적으로 채취한 화분에서 이물질을 제거하고 껍질을 파쇄한 것을 말하며, 최종제품의 조단백질의 함량이 18.0% 이상이어야 한다. 화분 추출물은 화분을 기계적으로 껍질을 파쇄하거나 효소처리해 추출한 것을 농축하거나 분말화한 것을 말한다. 최종효모제품은 조단백질의 함량이 20.0% 이상(건조물)이어야 한다. 화분제품은 화분을 주원료(30.0% 이상)로 해 제조·가공한 것을 말하며, 최종제품의 조단백질의 함량이 5.0% 이상이어야 한다. 화분 추출물 제품은 화분 추출물을 주원료(고형분으로서 10.0% 이상)로 해 제조·가공한 것을 말하며, 최종제품의 조단백질의 함량이 2.0% 이상이어야 한다.

(9) 스쿠알렌 함유 제품

스쿠알렌은 상어의 간에서 추출한 스쿠알렌 성분의 유지를 정제한 것을 말하며, 최종제품은 스쿠알렌 성분의 함량이 98.0% 이상이어야 한다. 스쿠알렌 함유 제품은 스쿠알렌을 주원료(60.0% 이상)로 해 캡슐에 충전해 제조한 것을 말하며, 최종제품은 스쿠알렌 성분의 함량이 60.0% 이상이어야 한다.

(10) 효소 함유 제품

곡류효소 함유 제품은 원료(곡류 60.0% 이상)로 식용미생물을 배양시킨 것을 주원료(50.0%)로 해 제조·가공한 것을 말한다. 배아효소 함유 제품은 원료(곡물배아 40.0%)로 식용미생물을 배양시킨 것을 주원료(50.0%)로 해 제조·가공한 것을 말한다. 과일이나 효소 함유 제품은 원료(과·채류 60.0% 이상)로 식용미생물을 배양시킨 것을 주원료(50.0%)로 해 제조·가공한 것을 말한다. 기타 식물효소 함유 제품은 곡류, 곡류배아 또는 과·채류 이외의 건강 기능식품의 원료(식물성 원료 60.0% 이상)로 식용미생물을 배양시킨 것을 주원료(50.0%)로 해 제조 · 가공한 것을 말한다. 배양에 사용되는 미생물은 안전성이 인정된 것이며, 최종제품의 조단백질의 함량이 10.0% 이상이어야 한다.

(11) 유산균 함유 제품

유산균은 유산간균(L. acidopilus, L. casiei, L. gasseri, L. delbrueckii, L. helveticus, L. fermentum 등) 또는 유산구균(S. thermophilus, S. lactis, E. faecium, E. faecalis 등)을 배양한 것으로 식용에 적합한 것을 말하며, 최종제품의 유산균수가 1g당 100,000,000 이상이어야 한다. 비피더스균은 비피더스(B. bifidum, B. infantis, B. brave B. longum 등) 배양한 것으로 식용에 적합한 것을 말하며, 최종제품의 비피더스균수가 1g당 100,000,000 이상이어야 한다. 유산균 이용제품은 유산균을 주원료 해 제조 · 가공한 것을 말하며, 최종제품의 유산균수가 1g당 10,000,000 이상이어야 한다. 비피더스균 이용제품은 비피더스균을 주원료 해 제조 · 가공한 것을 말하며, 최종제품의 유산균수가 1g당 10,000,000 이상이어야 한다. 혼합 유산균 이용제품은 유산균과 비피더스균을 주원료 해 제조 · 가공한 것을 말하며, 최종제품의 유산균수가 1g당 10,000,000 이상이어야 한다.

(12) 클로렐라 제품

클로렐라 원말은 클로렐라 속 조류(藻類)를 인위적으로 배양해 가열 등의 방법으로 소화성이 높도록 처리한 후 건조해 식용에 적합하도록 한 것을 말하며, 최종제품의 조단백질 함량이 50.0% 이상, 엽록소의 함량이 1,000㎎/100g 이상, 비타민B$_2$의 함량이 2.0㎎/100g 이상, 철의 함량이 10.0㎎/100g 이상이어야 한다. 클로렐라 제품은 클로렐라 원말을 주원료(50.0% 이상)로 해 제조한 것을 말한다. 최종제품의 조단백질의 함량이 25.0% 이상, 엽록소의 함량이 500㎎/100g 이상, 비타민B$_2$의 함량이 1.0㎎/100g 이상, 철의 함량이 5.0㎎/100g 이상이어야 한다.

(13) 스피루리나 제품

스피루리나 원말은 스피루리나 속 조류(藻類)를 인위적으로 배양해 가열 등의 방법으로 소화가 잘 되도록 처리한 후 건조해 식용에 적합하도록 한 것을 말하며, 최종제품의 조단백질의 함량이 50.0% 이상, 엽록소의 함량이 500㎎/100g 이상이어야 한다. 스피루리나 제품은 주원료(50.0% 이상)로 해 제조한 것을 말한다. 최종제품의 조단백질의 함량이 25.0% 이상, 엽록소의 함량이 250㎎/100g 이상이어야 한다.

(14) 감마리놀렌산 함유 제품

감마리놀렌산 함유유지는 달맞이꽃 종자(Oenothera biennis, Oenothera caespitesa 또는 Oenothera hookri), 보라지(Borage) 종자 또는 블랙커런트(Black currant) 종자에서 채취한 감마리놀렌산을 함유한 유지를 식용에 적합하도록 정제한 것을 말하며, 최종제품의 감마리놀렌산 함량이 4.75% 이상이어야 한다. 감마리롤렌산 제품은 감마리놀렌산 함유유지를 주원료(50.0% 이상)로 해 제조한 것을 말한다. 최종제품의 감마리놀렌산 함량이 2.38% 이상이어야 한다.

(15) 배아유 제품

쌀배아는 쌀배아를 분리·정선해 가열 등 식용에 적합하도록 한 것을 말하며, 최종제품의 조단백질의 함량이 18.0% 이상, 총토코페롤의 함량은 25.0㎎/100g 이상, r-오리자놀의 함량은 80.0㎎/100g이어야 한다. 밀배아는 밀배아를 분리·정선해 가열 등 식용에 적합하도록 한 것을 말하며, 최종제품의 조단백질의 함량이 28.0% 이상, β토코페롤의 함량은 25.0㎎/100g 이상, r-오리자놀의 함량은 80.0㎎/100g이어야 한다. 쌀배아제품은 쌀배아를 주원료(50.0% 이상)로 해 제조·가공한 것을 말하며, 최종제품의 조단백질의 함량이 9.0% 이상, 총토코페롤의 함량은 12.5㎎/100g 이상, r-오리자놀의 함량은 50.0㎎/100g이어야 한다. 밀배아제품은 밀배아를 주원료(50.0% 이상)로 해 제조·가공한 것을 말하며, 최종제품의 조단백질의 함량이 9.0% 이상, β토코페롤의 함량은 12.5㎎/100g 이상, r-오리자놀의 함량은 50.0㎎/100g이어야 한다. 배아혼합제품은 쌀배아와 밀배아를 주원료(50.0% 이상)로 해 제조·가공한 것을 말하며, 최종제품의 조단백질의 함량이 9.0% 이상, 총토코페롤의 함량은 12.5㎎/100g 이상이어야 한다.

(17) 레시틴 제품

대두레시틴 제품은 대두유에서 분리한 인지질 함유 복합지질을 식용에 적합하도록 정제한 대두레시틴을 주원료(60.0% 이상)로 해 제조·가공한 것을 말하며 콜레스테롤이 1.0% 이하이어야 한다. 난황레시틴 제품은 난황에서 분리한 인지질 함유 복합지질을 식용에 적합하도록 정제한 난황레시틴을 주원료(60.0%)로 해 제조·가공한 것을 말하며, 최종제품의 인지질 함량이 36.0%(아세톤불용물로서) 이상이어야 한다.

(18) 옥타코사놀 함유 제품

옥타코사놀은 미강, 소맥배아, 사탕수수, 사과과피, 포도

과피 등 식용식물에서 추출한 옥타코사놀을 함유한 유지를 식용에 적합하도록 정제한 것을 말하며, 최종제품의 옥타코사놀 성분의 함량이 1.0% 이상이어야 한다. 옥타코사놀을 주원료로 해 제조·가공한 것을 말하며, 최종제품의 옥타코사놀 성분의 함량이 0.5% 이상이어야 한다.

(19) 알콕시글리세롤 함유 제품

알콕시글리셀 함유유지는 상어 간에서 채취한 알콕시글리세롤 함유유지를 분리해 식용에 적합하도록 정제한 것을 말하며, 알콕시글리세롤 함유 제품은 알콕시글리세롤 함유유지를 주원료(98.0% 이상)로 해 제조·가공한 것을 말하고, 최종 제품의 알콕시글리세롤 함량이 18.0% 이상이어야 한다.

(20) 포도씨유 제품

포도씨유에서 채취한 기름을 식용에 적합하도록 정제한 것을 말하며, 최종제품의 리롤렌산의 함량이 57.0% 이상이어야 한다. 포도씨유 제품은 포도씨유를 주원료(98.0% 이상)로 해 제조·가공한 것을 말하며, 최종제품의 카테친의 함량이 3.0㎎/100g 이상이어야 한다.

(21) 식물추출물 발효 제품

채소류, 과일류, 종실류, 해조류 등 식용식물을 압착 또는 당류(설탕, 맥아당, 포도당, 과당 등)의 삼투압에 의해 얻은 추출물을 자체발효 또는 유산균, 효모균 등의 접종에 의해 식용유래성분과 발효생성물을 섭취에 적합하도록 제조·가공한 것을 말하며, 최종제품의 뮤코다당·단백질의 함량이 77.0% 이상이어야 한다. 뮤코다당·단백제품은 뮤코다당·단백을 주원료(50.0% 이상)로 해 제조·가공한 것을 말하며, 최종제품의 뮤코다당·단백질의 함량이 50.0% 이상이어야 한다.

(22) 엽록소 함유 제품

맥류약엽 엽록소 원말은 보리, 밀, 귀리의 어린 싹 또는 어린이삭 형성전의 것을 채취해 잎의 전부 또는 일부를 그대로 또는 착즙해 건조분말로 한 것을 말한다. 최종제품의 총 엽록소의 함량이 240.0mg/100g 이상이어야 한다. 알팔파 엽록소원말은 알팔파의 성숙한 잎, 잎꼭지, 줄기의 전부나 일부를 그대로 또는 착즙해 건조분말로 한 것을 말하며, 최종제품의 총엽록소의 함량이 60.0mg/100g 이상이어야 한다. 해조엽록소원말은 엽록소를 함유한 식용해조류를 채취해 전부 또는 일부를 건조분말로 한 것을 말하며, 기타 식물 엽록소 원말은 엽록소를 함유한 케일 등의 식용식물류(단일식물 100%)를 채취해 전부 또는 일부를 그대로 또는 착즙해 건조분말로 한 것을 말한다. 맥류약엽 엽록소함유 제품은 맥류약엽 엽록소원말을 주원료(50.0% 이상)로 해 제조·가공한 것을 말하며, 최종제품의 총엽록소의 함량이 120.0㎎/100g 이상이어야 한다. 해조류엽록소 함유 제품은 해조엽록소 원말을 주원료(50.0% 이상)로 해 제조·가공한 것을 말한다. 기타 식물류 엽록소함유 제품은 기타식물류 엽록소함유원말을 주원료(50.0% 이상)로 해 제조·가공한 것을 말한다.

(24) 버섯 제품

버섯 자실체 제품은 영지버섯, 운지버섯, 표고버섯의 자실체의 건조물을 분말화한 것이나 자실체를 물 또는 주정으로 추출한 것을 주원료(건조분말 30.0% 이상, 추출물은 자실체의 건조물로 환산해 제품 전체 중량의 30.0% 이상)로 제조·가공한 것을 말한다. 버섯 균사체제품은 영지버섯, 운지버섯, 표고버섯의 균사체 배양물(균사체+배양액)을 물 또는 주정으로 추출한 것을 주원료(균사체 배양물의 건조물로 환산해 제품 전체 중량의 50.0% 이상)로 해 제조·가공한 것을 말한다. 자체분말을 직접 식용으로 하는 경우에는 유효성분의 용출이 용이하도록 미세하게 분말로 해야 한다. 추출에 사용하는 주정은 농축과정에서 충분히 제거해야 한다. 배양에 사용된 배지성분의 잔존량은 건조배양물의 10.0% 이하이어야 한다.

(25) 알로에 제품

알로에겔은 식용알로에 품종(베라, 아보레센스(키타치), 사포나리아)의 잎에서 채취한 겔 성분으로 고형분을 0.5% 이상 함유한 것을 말한다. 알로에겔 농축액은 알로에 겔을 농축한 것을 말하며, 알로에겔 분말은 알로에겔을 농축해 분말화한 것을 말한다. 알로에 착즙액은 식용알로에 품종(베라, 아보레센스(키타치), 사포나리아)의 잎의 착접액을 말한다. 알로에 분말은 식용알로에 품종(베라, 아보레센스(키타치), 사포나리아)의 잎의 비가식부분을 제거한 후 건조, 분말화한 것을 말한다. 알로에겔 제품은 알로에겔(70.0% 이상), 알로에겔 농축액(고형분 0.5% 기준의 알로에 겔로 환산해 70.0% 이상) 또는 알로에겔 분말(고형분 0.5% 기준의 알로에겔로 환산해 70.0% 이상)을 주원료로 해 제조·가공한 것을 말한다. 알로에 착접액 제품은 주원료 (70.0% 이상)로 해 제조·가공한 것을 말하며, 알로에겔 분말 제품은 알로에겔 분말을 주원료(고형분으로서 10.0% 이상)로 해 제조·가공한 것을 말한다. 알로에 분말 제품은 알로에 분말을 주원료(고형분으로서 50.0% 이상)로 해 제조·가공한 것을 말한다. 겔을 분리시킨 외피를 건강기능식품으로 사용해서는 안 된다.

(26) 매실 추출물 제품

매실추출물은 매실의 과즙을 식용에 적합하도록 여과·농축한 것으로 고형분이 20.0% 이상인 것을 말한다. 매실추출물제품은 매실추출물을 주원료(50.0% 이상)로 해 제조·가공한 것을 말한다. 최종 제품의 유기산의 산도(함량)가 4.5% 이상(구연산으로서)이어야 한다.

(27) 자라 제품

동결건조 자라 분말은 식용양식 자라의 가식부위 전체 또는 일부 지방을 제거한 것을 동결건조해 분말화한 것을 말하며, 최종 제품의 히드록시프롤린의 함량이 동결건조 자라 분말은 1.0% 이상, 열풍건조 분말은 2.0% 이상이어야 한다. 열풍건조 자라 분말은 식용양식 자라의 가식부위 전체 또는 일부 지방을 제거한 것을 열풍 건조해 분말화한 것을 말한다. 자라유는 식용 자라에서 채취한 기름을 정제한 것을 말한다. 자라 분말 제품은 동결건조 자라 분말 또는 열풍건조 자라 분말을 주원료(30.0% 이상)로 해 제조·가공한 것을 말한다. 최종 제품의 히드록시프롤린의 함량이 동결건조 자라 분말은 0.3% 이상, 열풍건조 자라 분말은 사용제품의 경우 0.6% 이상이어야 한다. 자라유 제품은 자라유를 주원료(98.0% 이상)로 해 제조·가공한 것을 말한다.

(28) 베타카로틴 함유 제품

조류추출 베타카로틴 함유 제품은 수중에서 증식하는 식용조류(藻類: 두나리엘라, 클로렐라, 스피루리나 등)로부터 베타카로틴을 추출해 식용에 적합하도록 가공한 조류추출 카로틴을 주원료로 해 제조·가공한 것을 말한다. 녹엽식물추출 카로틴 함유 제품은 식용녹엽식물(종자나 과실포함)로부터 베타카로틴을 추출해 식용에 적합하도록 가공한 녹엽식물추출 카로틴을 주원료로 해 제조·가공한 것을 말한다. 당근 추출 카로틴 함유 제품은 당근으로부터 베타카로틴을 추출해 식용에 적합하도록 가공한 녹엽식물추출 카로틴을 주원료로 해 제조·가공한 것을 말한다. 합성 베타카로틴을 원료로 사용해서는 안 된다. 최종 제품의 베타카로틴의 함량이 2.0mg/g~50.0mg/g 이상이어야 하며 최종 제품의 1일 섭취량당 베타카로틴의 함량이 4.2mg이어야 한다.

(29) 키토산 함유 제품

키토산 분말은 갑각류(게, 새우 등)의 껍질, 연체류(오징어, 갑오징어 등)의 뼈를 분쇄, 탈단백, 탈염화한 키틴을 탈아세틸화해 식용에 적합하도록 처리한 것을 말한다. 최종 제품의 키토산의 함량이 80.0% 이상(글루코사민으로서)이어야 한다. 키토산 함유 제품은 키토산 분말을 주원료로 해 제조·가공한 것을 말한다. 최종 제품의 키토산의 함량이 20.0% 이상(글루코사민으로서)이어야 한다. 제조에 사용된 제조용제는 제품에 잔류하지 않아야 한다.

(30) 키토올리고당 제품

키토올리고당 분말은 키토산을 효소처리해 얻은 올리고당류로 식용에 적합하도록 처리한 것을 말한다. 최종 제품의 키토올리고당의 함량이 50.0% 이상이어야 한다. 키토올리고당 함유 제품은 키토올리고당 분말을 주원료로 해 제조·가공한 것을 말하며, 최종 제품의 키토올리고당의 함량이 20.0% 이상이어야 한다.

(31) 글루코사민 함유 제품

글루코사민 분말은 키틴 또는 키토산을 가수분해해 얻은 단당류로 식용에 적합하도록 처리한 것(염류 포함)을 말하며, 최종 제품의 글루코사민의 함량이 80.0% 이상이어야 한다. 글루코사민 함유 제품은 글루코사민을 주원료로 해 제조·가공한 것을 말한다. 최종 제품의 글루코사민의 함량이 20.0% 이상이어야 한다.

(32) 프로폴리스 추출물

꿀벌이 나무의 수액, 꽃의 암·수 수술에서 모은 화분과 꿀벌 자신의 분비물을 이용해 만든 프로폴리스에서 왁스를 제거해 얻은 추출물, 이의 농축물 또는 건조물을 말하며, 최종제품의 총플라보노이드의 함량이 5.0% 이상(건조물로서) 이어야 한다. 프로폴리스 추출물제품은 프로폴리스 추출물을 주원료로 해 제조·가공한 것을 말한다. 최종제품의 총플라보노이드의 함량이 1.0% 이상(건고물로서)이어야 한다.

2) 과학화된 건강기능식품 소재 '알로에'

예로부터 인간의 건강을 지키기 위해 많은 식품들이 이용되어 왔다. 그 중 알로에는 기원전부터 민간약제로 널리 사용된 소재로서 우리나라에서보다는 미국이나 일본에서 더 일찍 건강식품의 소재로 사용되어 왔다.

알로에는 백합과 알로에 속으로 식물학적 특징으로는 '다년생 상록 다육질 초본'으로 분류되는데 이는 잎이 두터운 풀 종류이며 일년생이 아닌 다년간 생장하는 식물임을 의미한다. 국내에서는 알로에 베라, 알로에 아보레센스, 알로에 사포나리아의 3종을 사용하고 있다.

알로에는 피부의 진정, 보습, 살균, 재생 등의 효과가 있는 것으로 알려져 있다. 그러나 알로에는 알레르기를 일으킬 수 있는 것으로 분류되고 있으므로 귓볼이나 목에 알로에 즙을 살짝 바르고 간지러움을 느끼는 사람은 사용을 삼가해야 한다.

비타민C, 생과일을 함께 섭취하면 상당한 효과를 볼 수 있으며, 성질의 차서 한약과는 함께 복용하지 않는 것이 좋다.

알로에는 미용에도 탁월한 효과가 있는데, 알로에로 목욕을 하면 신진대사가 활발해지고 피부를 탄력 있고 윤기 있게 만들어 주며 다이어트 식품으로 사용되기도 한다. 이렇듯 다양하게 사용되는 알로에는 웰빙 건강기능식품으로써 손색이 없다.

치유 효과 : 기미, 주근깨, 여드름, 뾰루지, 축농증, 관절염, 신경통, 40~50대 어깨통증, 구내염, 구취방지, 충치, 설염, 치통, 치질, 화상, 피부염, 냉증, 갱년기장애, 불면증, 변비, 벌레 물린데, 무좀, 습진

2. 건강기능성 식품의 표시방법

식품의 기능에는 신체 구성 성분·에너지원으로 작용하는 1차적 영양기능, 식품의 기호성에 관여하는 2차적 감각기능, 다양한 생리활성에 관여하는 3차적 생리조절기능 등이 있다.

과학이 발달함에 따라 식품 성분 중 인체에 대해 직접적인 생체조절기능을 지닌 것이 있음이 밝혀져 3차 기능에 관심이 높아짐으로써 '기능성 식품'에 대한 관심도 커졌다. 기능성 식품은 단순한 영양소의 혼합물로 취급할 것이 아니라 생리기능을 발휘하는 기능성 성분의 혼합체로 이해해야 한다.

기능성 식품은 영양소를 공급하는 이상으로 특별하게 건강에 유익한 효과를 가져오는 기능, 생체방어, 질병의 예방 및 회복 신체 리듬의 조절, 노화억제 등 생명활동을 위한 조절기능을 통해 신체 기능을 변화시키고 건강에 유익한 기능을 가진 식품을 말한다.

즉, 천연적으로 존재하는 물질에서 유도된 성분으로 일상의 식이로 소비될 수 있는 것이어야 하며 섭취했을 때 특별한 기능을 나타내는 것이라고 볼 수 있다.

따라서 기능성 식품의 성분은 이러한 목적과 기능을 함유한 것이다.

참고로, 건강기능식품은 건강회복, 건강유지, 건강증진의 목적이 강하고, 기능성 식품은 생체리듬조절, 생체 방어, 질병의 예방, 질병의 회복, 노화억제 등의 목적이 강하다.

건강기능성 식품의 기능성 표시와 광고표현 적용 사례

1) 영양 보충용 제품

품목군	기능성 내용	기능 성분
(1) 단백질 보충용 제품	- 근육, 결합조직 등 신체조직의 구성성분 - 건강증진 및 유지 - 단백질 대사균형에 도움 - 영양보급, 영양부족 개선	- 해당 영양소 함량
(2) 비타민A 보충용 제품	- 동물성식품에 함유되어 있으며 녹 황색의 식물성 식품에는 체내에서 비타민A의 전구체인 카로테노이드 의 형태로 들어 있슴. - 눈의 간상세포에서 물체를 볼 수 있게 해주는 색소(로돕신)을 합성하는 데 비타민A가 필요함 - 눈의 영양공급	- 해당 영양소 함량
(3) 비타민B1 보충용 제품	- 곡류(당질) 섭취량이 많을수록 비타민B1의 필요량이 증가 - 에너지대사에 관여(당질의 적절한 대사를 촉진시켜 음식으로부터 에 너지를 만들도록 도움)	- 해당 영양소 함량
(4) 비타민B2 보충용 제품	- 탄수화물, 단백질, 지방 등이 산화되어 에너지를 발생할 때 작용하는 효소의 작용을 도움	- 해당 영양소 함량

품목군	기능성 내용	기능 성분
(5) 비타민B6 보충용 제품	- 아미노산대사에 관여 - 헤모글로빈의 구성성분인 헴 합성 과정에 관여함	- 해당 영양소 함량
(6) 비타민12 보충용 제품	- 핵산합성과 조혈작용에 관여함 - 적혈구 형성에 보조적인 역할을 함	- 해당 영양소 함량
(7) 비타민C 보충용 제품	- 수용성 비타민의 하나로 항산화작용을 하며 균형잡힌 식사를 통해 적절한 비타민C를 섭취하도록 권장하고 있음 - 항산화 작용(세포손상을 유발시키기도 하는 자유기 (유해산소)로부터 인체를 보호	- 해당 영양소 함량
(8) 비타민D 보충용 제품	- 뼈의 형성에 도움 - 장관에서 칼슘의 흡수를 도움 - 칼슘의 대사를 촉진시켜 칼슘이 체외로 배설되지 않도록 칼슘의 재흡수를 도움	- 해당 영양소 함량
(9) 비타민E 보충용 제품	- 항산화 작용(세포막의 구성성분인 불포화지방산이 파괴되는 것을 막아 세포의 손상을 예방함) - 지방성 식품에 비타민E 첨가시 지방산들의 산화를 막음	- 해당 영양소 함량

품목군	기능성 내용	기능 성분
(10) 비타민K 보충용 제품	- 비타민K 공급이 충분치 않으면 혈액응고가 지연됨	- 해당 영양소 함량
(11) 니아신 보충용 제품	- 에너지대사에 관여, 산화환원작용	- 해당 영양소 함량
(12) 비오틴 보충용 제품	- 지방, 단백질, 글리코겐, 합성에 관여	- 해당 영양소 함량
(13) 엽산 보충용 제품	- 세포, 특히 적혈구 형성에 필요한 장관의 기능유지	- 해당 영양소 함량
(14) 판토텐산 보충용 제품	- conzymeA와 asyl carrier protein (ACP)의 구성성분으로 체내에서 지방산의 합성과 대사 및 pyruvate 및 a-ketoglutarate 산화 등의 반응에 관여	- 해당 영양소 함량
(15) 구리 보충용 제품	- 영양보급	- 해당 영양소 함량
(16) 마그네슘 보충용 제품	- 골격, 체액의 구성성분	- 해당 영양소 함량

품목군	기능성 내용	기능 성분
(17) 망간 보충용 제품	- 영양보급	- 해당 영양소 함량
(18) 몰리브덴 보충용 제품	- 영양보급	- 해당 영양소 함량
(19) 셀렌 보충용 제품	- 항산화 영양소로써 비타민 E와 함께 체내에서 지질의 산화를 방지하고 세포막을 보호	- 해당 영양소 함량
(20) 아연 보충용 제품	- 인체의 모든 조직에 존재하는 미량 영양소 - 핵산과 아미노산의 대사에 관여	- 해당 영양소 함량
(21) 요드 보충용 제품	- 갑상선 호르몬의 구성성분	- 해당 영양소 함량
(22) 철분 보충용 제품	- 적혈구의 성분으로 산소를 운반함. - 헤모글로빈, 미오글로빈의 성분	- 해당 영양소 함량
(23) 칼륨 보충용 제품	- 영양보급	- 해당 영양소 함량
(24) 칼슘 보충용 제품	- 체내 칼슘의 대부분(99%)은 골격과 치아에 존재하고 극히 일부(1%)가 세포와 세포 내외의 체액에 존재하면서 신체의 생리기능을 수행함 - 골격과 치아의 구성성분 (뼈와 이를 구성함) - 칼슘부족 예방, 성장발육에 도움	- 해당 영양소 함량

품목군	기능성 내용	기능 성분
(25) 크롬 보충용 제품	- 영양보급	- 해당 영양소 함량
(26) 아미노산 보충용 제품	- 영양보급	- 해당 영양소 함량
(27) 지방산 보충용 제품	- 영양보급	- 해당 영양소 함량
(28) 식이섬유 보충용 제품	- 배변활동 원활 - 체중감량에 도움 - 지방흡수 저하 - 지방합성 저해, 체지방분해 (단, 가르시니아캄보지아 껍질 추출물 함유)	- 해당 영양소 함량

2) 인삼 제품

품목군	기능성 내용	기능 성분
	- 원기회복 - 면역력 증진 - 자양강장에 도움	- 인삼 성분 함량

3) 홍삼 제품

품목군	기능성 내용	기능 성분
	- 원기회복 - 면역력 증진 - 자양강장에 도움	- 홍삼 성분 함량

4) 뱀장어유 품목군

품목군	기능성 내용	기능 성분
	- 건강증진 및 유지 - 영양보급	- EPA, DHA 함량

5) EPA 또는 DHA 함유 제품

품목군	기능성 내용	기능 성분
EPA 함유 제품	- 콜레스테롤 개선에 도움 - 혈행을 원활히 하는 데 도움	- EPA 및 DHA 함량
DHA 함유 제품	- 두뇌, 망막의 구성성분 - 두뇌 영양공급에 도움	

6) 로얄젤리 제품

품목군	기능성 내용	기능 성분
	- 영양보급 - 건강증진 및 유지 - 고단백 식품	- 10-히드록시-2- 데센산(10-HDA) 함량

7) 효모 제품

품목군	기능성 내용	기능 성분
	- 영양의 불균형 개선 - 영양공급원 - 건강증진 및 유지 - 신진대사 기능	- 조단백질, 비타민B1 함량

8) 화분 제품

품목군	기능성 내용	기능 성분
	- 영양보급 - 피부건강에 도움 - 건강증진 및 유지 - 신진대사 기능	- 조단백질 함량

9) 스쿠알렌 함유 제품

품목군	기능성 내용	기능 성분
	- 산소공급의 원활 - 피부 건강에 도움 - 신진대사 기능	- 스쿠알렌 함량

10) 효소제품

품목군	기능성 내용	기능 성분
	-신진대사 기능 - 건강증진 및 유지 - 체질개선 - 연동작용, 배변에 도움 　(식이섬유다 량 함유시)	- 조단백질 함량

11) 유산균 함유 제품

품목군	기능성 내용	기능 성분
	- 유익한 유산균의 증식 - 장내 유해미생물 억제 - 장의 연동운동 - 정장작용	- 유산균, 비피더스균 수

12) 클로렐라 제품

품목군	기능성 내용	기능 성분
	- 단백질 공급원 - 체질개선 - 영양보급 - 핵산 및 단백질, 엽록소, 　섬유소 등 성분함유 - 건강증진 및 유지	- 조단백질, 엽록소, 　비타민, 철 함량

13) 스피루리나 제품

품목군	기능성 내용	기능 성분
	- 필수 아미노산의 공급원 - 단백질 공급 - 영양공급 - 생리활성성분 함유 - 건강증진 및 유지	- 조단백질, 엽록소 함량

14) 감마리놀렌산 함유 제품

품목군	기능성 내용	기능 성분
	- 필수 지방산의 공급원 - 콜레스테롤 개선에 도움 - 혈행 개선에 도움 - 생리활성물질 함유	- 감마리놀렌산 함량

15) 배아유제품

품목군	기능성 내용	기능 성분
	- 영양 보급	- 리놀레산, r-오리자놀 함량 r-오리자놀은 쌀배아유, 쌀배아제품에 한함

16) 배아 제품

품목군	기능성 내용	기능 성분

	- 영양보급
	- 항산화작용,
	  과산화지질의 생성억제
	- 생리활성성분 함유
	- 신진대사 기능
		- 조단백질, 총토코페롤
		  함량

쌀 배아	- 영양보급	

17) 레시틴 제품

품목군	기능성 내용	기능 성분
	- 콜레스테롤 개선에 도움 - 두뇌 영양공급 - 항산화 작용 - 혈행개선 작용	- 인지질 함량

18) 옥타코사놀 함유 제품

품목군	기능성 내용	기능 성분
	- 건강증진 및 유지 - 지구력 증진	- 옥타코사놀 함량

19) 알콕시글리세롤 함유 제품

품목군	기능성 내용	기능 성분
	- 유아성장에 도움 - 생리활성성분 함유 - 신체 저항력 증진	- 알콕시글리세롤 함량

20) 포도씨유 제품

품목군	기능성 내용	기능 성분
	- 항산화 작용 - 필수 지방산 공급원	- 리놀레산, 카테킨 함량

21) 식물추출물 발효제품

품목군	기능성 내용	기능 성분
	- 건강증진 및 유지 - 체질개선 - 영양공급원	

22) 뮤코다당 · 단백 제품

품목군	기능성 내용	기능 성분
	- 연골의 구성성분 - 건강증진 및 유지 - 영양공급원	- 뮤코다당 · 단백질 함량

23) 엽록소 함유 제품

품목군	기능성 내용	기능 성분
	- SOD 함유 - 유해산소의 예방 - 피부건강에 도움 - 건강증진 및 유지	- 총엽록소 함량

24) 버섯 제품

품목군	기능성 내용	기능 성분
	- 혈행을 원활히 하는 　데 도움 - 생리활성물질 함유 - 건강증진 및 유지	- 자실체, 균사체 함량

25) 알로에 제품

품목군	기능성 내용	기능 성분
	- 장운동에 도움 - 면역력 증강기능 - 위와 장 건강에 도움 - 피부건강에 도움 　(알로에 베라) - 배변활동에 도움 　(아보라센스)	- 알로에겔, 알로에겔 　농축액, 알로에겔 분말, 　알로에 착즙액, 알로에 　분말의 함량

26) 매실추출물 제품

품목군	기능성 내용	기능 성분
	- 유해균의 번식 억제 - 피로회복에 도움 - 유기산 작용 - 알카리성 생성식품	- 유기산산도(%)

27) 자라제품

품목군	기능성 내용	기능 성분
자라분말	- 건강증진 및 유지 - 영양보급, 단백질 공급원 - 신체기능의 활성화, 체력증진 　체력보강	- 히드록시프롤린(%) 　함량. 단 자라유의 　경우에는 자라유의 함량
자라유	- 영양보급	

28) 베타카로틴 함유 제품

품목군	기능성 내용	기능 성분
	- 비타민A 전구체 - 항산화 작용 - 유해산소의 예방 - 피부건강 유지	- 베타카로틴 함량

29) 키토산 함유 제품

품목군	기능성 내용	기능 성분
	- 콜레스테롤 개선에 도움 - 항균작용 - 면역력 증강기능	- 키토산(%) 함량

30) 키토올리고당 함유 제품

품목군	기능성 내용	기능 성분
	- 콜레스테롤 개선에 도움 - 항균작용 - 면역력 증강기능	- 키토올리고당(%) 함량

31) 글루코사민 함유 제품

품목군	기능성 내용	기능 성분
	- 관절 및 연골의 구성성분 - 관절 및 연골을 튼튼히 하는 데 도움을 줌 - 관절 및 연골 건강에 도움을 줌	- 글루코사민(%) 함량

32) 프로폴리스 추출제품

품목군	기능성 내용	기능 성분
	- 항균작용 - 항산화작용	- 총플라보노이드(%) 함량

-경희대학교 약학대학 정세영:건강기능식품 공전 해설 발췌-

우리나라는 기능성식품의 역사가 짧고 그에 관한 지식수준도 소수계층에 편중되어 있으며 기능성 식품을 이용하는 연령층도 중장년층이어서 이에 관한 지식을 습득할 기회가 극히 제한되어 있다고 할 수 있다. 그들은 건강기능성 식품을 한눈에 의약품과 식별하기 어려울 뿐만 아니라 구입하는 것에서부터 선택이 쉽지는 않았다.

건강기능성 식품의 표현법은 의학적인 용어나 약품명을

사용하지 못하도록 규정하고 있다. 식품산업의 눈부신 발전과 더불어 과열된 판촉경쟁의 과대성 광고는 가용자들의 눈길을 끌며 판매경쟁에서 앞서는 방법이 되고 있다. 이러저러한 이유로 대부분의 사람들은 아직도 건강기능식품의 기능성마저 믿지 않거나 의약품과 혼동하고 있는 현실을 감안해야 할 것이다. 또한 구입시에는세심한 주의가 필요하며 전문의의 상담을 받아봄이 좋을 것이다.

제3장

건강기능성 식품과 선택적 효용성

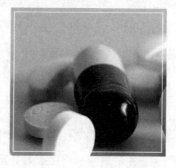

건강기능성 식품을 통한 균형잡힌 영양공급만이

건강을 지키는 유일한 길이다.

　　건강기능성 식품은 건강 증진에 목적이 있다. 우리의 건강이 나빠지는 가장 큰 이유는 너무 편하게 살려는 마음에서 시작된다. 건강에 이로운 식생활태도는 어떤 음식이든 가리지 않고 골고루 잘 먹는 것이다. 겉보기에는 보잘것 없는 음식이라 하더라도 몸에는 보배로운 존재가 될 수 있다. 아무리 좋은 산해진미도 건강에 보탬이 안 된다면 포만감만 줄 것이다. 영양상태가 불량해지면 우리 몸은 정상적인 기능을 제대로 수행할 수 없게 된다.

　　건강기능성 식품은 우리가 매끼니 때마다 대하는 식사와 조금도 다를 바 없다. 식사를 통해 부족하기 쉬운 영양소들을 간편한 방법으로 때맞춰 섭취할 수 있다는 장점이 있다. 균형 잡힌 영양공급은 우리의 건강을 지켜갈 유일한 길이며 질병에서 벗어나기 위해서는 올바른 식습관을 지켜 나가야 한다.

1. 병은 자신으로부터 비롯된다

질병징후는 단순히 한 가지 이유로 발병하지는 않는다. 편식은 먼저 장에서 문제를 일으키고 장기적인 편식은 장 주위에 있는 장기를 차례로 무력화시키고 만다는 것을 여러 번 강조한 바 있다. 한 가지 영양소가 세포까지 전달되기까지 수많은 경로를 거쳐야 하는데 그 경로 중 한 군데라도 기능이 쇠퇴하거나 막혀 있다면 영양소의 기능은 발휘되지 않는다. 비티민C가 아무리 좋은 항산화제라 하더라도 장에서 흡수되지 못하면 항산화제로서의 기능은 줄어든다. 글루코사민이 아무리 골관절에 좋다 해도 조골세포에 전달되지 않으면 소용이 없다.

서울대학교 병원 인체해부학과 이왕제 교수는 비타민C는 지구상에서 가장 값싼 보약이라고 말한다. 비타민C의 장기 복용은 당뇨병이나 심장병, 고혈압에서 해방될 수 있다고 강조하고 있지만 체내에 흡수되어 산화물질을 만나야 그 역할이 빛을 발할 것이다. 영양소가 통과는 경로가 원활할 때 비로소 우리 몸의 안녕을 보장받게 되는 것이다. 한 두 가지의 영양소를 얼마간 먹어보고 효과가 없다는 푸념섞인 말은 자신을 보고 욕하는 것이나 다름 없다. 왜냐하면 병이 나는 것도, 효과가 없는 것도 자신의 몸으로부터 시작한 결과이기 때문이다.

1) 인체 세포의 세대 교체기간

우리 몸은 60조 여 개의 세포를 구성되어 있다. 세포도 하나의 생명체로서 먹고, 배설하고, 활동하면서 생성주기를 갖는다. 이와 같은 생성주기를 세포의 세대 교체기간이라고 말할 수 있을 것이다.

세포의 생성기간은 신체의 각 부위마다 다르고, 연령에 따라서 달라지기도 한다. 인간의 수명이 120세라고 하는 것도 현대과학의 유전자 분석결과 내린 결과론이다.

건강한 신체에서 간세포의 세대교체 기간은 약 3주가 소요된다고 한다. 우리가 간기능 개선을 위해 건강기능성 식품을 먹기 시작했다면 정량화된 섭취량을 최소 3주 이상 복용했을 때 비로소 효과를 느낄 수 있다는 말이 된다. 여성들에게 민감한 피부의 각질 주기는 약 45일 정도라고 한다.

> *피부를 개선할 목적이라면 화장품이든 건강기능성*
> *식품이든 최소한 약 45~60일이 지나야 알 수 있다.*

　우리 몸에는 거미줄처럼 얽혀 있는 혈액의 세포도 세대교체 기간은 3개월이 걸린다고 한다. 혈전을 용해시키고 콜레스테롤의 수치를 개선하겠다는 의도가 있다면 이 기간만큼은 특별한 관리와 노력이 있어야 어떤 결과를 얻을 수 있다는 말이 된다. 관절에 이상이 생기면 2년 6개월 내지 3년 동안 지속적인 관리가 필요하다. 건강에 관련된 지식을 습득하고 꾸준한 관심을 가질 때 소기의 목적을 달성할 것이며 관리하는 동안에 조급함을 줄일 수 있다.

2) 건강기능성 식품에 대해 자주 하는 Q&A

Q 건강기능성 식품을 장기간 음용해도 효과가 없는 이유는 뭔가요?

　A 우선 몇 가지 원인이 있다고 봅니다. 그 첫 번째가 정해진 기준에 따라 제조한 식약청이 인정한 건강기능성 식품인가 하는 것입니다. 과대광고에 의해 약으로 오인하고 있거나 단기간에 어떤 효과를 기대한다는 것은 무리가 있습니

다. 둘째는 먹고 건강이 회복될 수 있다는 확신이 필요합니다. 모든 병은 마음의 병이라고 했습니다. 얼마간 먹어보고 별다른 느낌이 없으면 시들해지는 것이 사람의 마음입니다. 셋째는 건강기능성 식품에 대한 이해부족이 문제입니다. 하루에 정해진 일정량을 빼놓지 않고 지속적으로 복용하는 것이 중요합니다. 어떤 약이든 먹는 정성이 필요한 것입니다.

Q 건강기능성 식품을 장기간 먹어도 부작용이 없나요?

A 부작용이란 습관성이나 내성을 말하는 것으로 이해됩니다. 호전반응을 부작용으로 오해하기도 합니다. 건강기능성 식품도 약과 마찬가지로 그 식품이 가지고 있는 성분이 인체 내에서 기능을 발휘합니다. 우리가 음식을 먹지 않고 생명을 부지한다는 것은 상상도 할 수 없는 일입니다. 음식 자체가 인체에 유해한 독성성분이 없는 천연식품이라는 점은 모두가 알고 있습니다. 음식물을 먹고 탈이 난다는 것은 위생상의 문제가 있거나 몸에 잘 맞지 않는다거나, 급하게 먹거나 많이 먹어서 소화기관에 과중한 부담을 주는 경우일 것입니다. 마찬가지로 건강기능성 식품은 화학성분을 배제한 천연식품입니다.

Q 건강기능성 식품은 정말 치유적 효과가 있나요?

A 모든 질병은 어떤 이유로 자가 면역체계의 이상에서 오는 현상인 것입니다. 영양소의 과잉이나 결핍이 생기면 생명현상이 둔화됩니다. 바꾸어 말하면 배가 고프면 만사가 귀찮듯이 신체의 기능이 이상이 생겨 제기능을 다하지 못해 일어나는 현상들입니다. 이러한 불균형이 오랫동안 지속되면 인체의 기능수행 능력이 쇠퇴해 건강 리듬이 깨지게 되는 것입니다. 바로 이것이 질병이며 질병을 근원적으로 예방하는 길은 오직 몸이 원하는 영양소를 제때에 먹어 주는 일 뿐입니다. 인내심을 가지고 정성을 다해 복용한다면 쇠퇴해진 기능을 회복시킬 수 있을 것입니다. 밥짓는 정성이 아무리 지극해도 먹는 이가 맛있게 먹어 주지 않는다면 별 의미가 없을 것입니다. 건강기능성 식품을 먹는다는 것은 인체의 각 기관의 기능을 회복시키는 힘든 작업의 일입니다.

Q 건강기능성 식품이 약과 다른 점이 무엇인가요?

A 천연식품이 원료가 되는 건강기능성 식품은 첫째 부작용이 없다는 점입니다. 제조 • 가공과정에서 있을 화학성분이 잔류하지 않도록 법률로 엄격히 규제하고 있습니다. 둘

째, 부족한 영양소만 골라 먹을 수 있다는 것입니다. 시간과 장소에 구애받지 않고 부수적인 준비물이 없이도 언제, 어디서. 누구나 필요한 영양소를 보충할 수 있습니다. 셋째는 먹는 기간이나 양의 제한을 두지 않는다는 것입니다. 용기에 표시된 복용량은 건강유지에 필요한 적정량으로 개인에 따라 증감이 가능하며, 특별한 기능을 생각한다면 적당량을 추가할 수 있다는 것입니다.

Q 건강증진을 위해 건강기능성 식품을 언제까지 먹어야 하나요?

A 먹는 기간을 꼬집어 말하라고 한다면 '신체기능이 올바르게 회복될 때까지' 라고 말할 수 있습니다. 자신이 원하는 건강상태를 찾을 때까지 먹어야 한다는 것이 해답이 될 것입니다. 건강기능성 식품을 먹고 있는 동안 생활습관을 바꾸고 건강이 양호한 상태라면 식사 외 어떤 것을 챙겨 먹을 이유가 없을 것입니다. 그러나 문제는 생활습관을 바꾸지 않은 채 건강기능성 식품에만 의존하려는 것은 본인에게 문제가 있습니다. '해답은 가까운 곳에 있다' 는 말과 같이 모든 것은 자신이 해답의 열쇠를 쥐고 있다고 할 것입니다.

Q 건강기능성 식품을 약과 같이 복용해도 되나요?

A 병원에서 치료받고 있는 환자나 요양하는 사람인 경우
에는 의사나 약사와 상의하는 것이 좋습니다. 건강증진을
목적으로 한다면 약과 병행해도 문제가 되지 않습니다. 감
기약, 몸살약, 두통약을 먹는다거나 소화제를 먹는다면 말
입니다. 문제는 약은 산성물질이고, 건강기능성 식품은 알
칼리성이어서 약의 산도를 중화시켜 약효가 떨어질 수 있으
므로 함께 복용하는 것은 삼가할 필요가 있습니다. 2시간 정
도의 시간차를 두고 복용한다면 별로 문제될 것이 없습니
다.

**Q 건강기능성 식품을 먹으면 속이 더부룩하고 밥맛이 떨
어집니다.**

A 식욕이 없다는 것은 신체가 허약하거나 소화기관에 이
상이 있다는 말입니다. 건강기능성 식품은 우리가 일상적
으로 먹는 식사 중의 영양소, 즉 기능성 물질만 추출해 먹기
편하게 만든 식품입니다. 식사를 하고 포만감을 느끼는 것
이나 농축된 영양소를 먹는 것이 무엇이 다르겠습니까? 차
이가 있다면 부피에서 차이가 있을 것입니다. 여러가지 복

합된 여러 영양소를 함께 먹고 있다면 애써 식욕 없는 식사를 하려고 애쓸 필요가 없는 것입니다.

Q 복합된 건강기능성 식품을 복용하고 있는데 가려 먹어야 할 음식은 무엇인가요?

A 건강기능성 식품을 복용하면서 기본적으로 피해야 할 음식은 없습니다. 비타민, 미네랄, 식이섬유 등을 복용하고 있다고 해서 육식, 햄, 튀김같은 식품을 금기시 할 필요는 없습니다. 지방, 단백질, 탄수화물 등의 영양소도 우리 몸에 꼭 필요한 영양성분임에 틀림없습니다. 다만 식습관을 바꾸는 노력이 필요한 사람이 먹고 싶은 것을 다먹어 가면서 식습관을 바꾸기는 어려울 것입니다. 다만 자신의 건강관리상 경고성 식품은 자제할 필요가 있습니다.

Q 영양소는 많아도 안 되고 모자라도 탈이 난다고 하는데 정량(正量)을 어떻게 정하나요?

A 체내에 쌓여서 문제가 되는 것은 대량영양소입니다. 주로 지방, 단백질, 탄수화물 등의 식품을 말합니다. 이 대량영양소를 가진 식품들은 가공식품과 굽거나 튀긴 요리들로 산

성식품이 많습니다. 문제는 서구화된 식생활과 운동하기 싫어하는 생활습관이 원인이라 할 수 있습니다. 또 모자라서 탈이 되는 식품은 비타민, 미네랄, 식이섬유 등과 같은 미량영양소입니다. 서양식과는 달리 우리 식생활에는 모자라는 것을 채워 먹을 줄 아는 지혜가 깃들여 있습니다. 고기를 채소에 싸서 먹는다든지, 후식으로 과일을 먹는 것입니다. 채소와 과일은 산성물질을 중화시키는 알칼리성 식품이기 때문입니다.

2. 호전반응과 대처방법

호전반응(好轉反應)에는 가용자의 체력상태와 노동력에 따라 차이가 있다고 합니다. 보통 3~4주 정도면 건강이 회복되고 있음을 알리는 호전반응을 경험하게 되는데 한방에서는 명현반응(瞑眩反應)이라고도 한다. 심한 몸살기가 있거나 아팠던 곳이 더 아프거나 불편한 곳이 더 불편해지는 현상을 말하는데, 이 호전반응은 2~3일에서 길게는 일주일 가량 지속되기도 합니다.

호전반응은 허약한 체질의 소유자가 건강한 체질로 바뀌어 가는 일시적인 현상이다.

이 반응은 부실한 체력에 균형 잡힌 영양소를 공급하면서 늘어진 체내조직들이 탄력성이 생기는 일종의 몸살이다. 신체 각 기관의 기능이 회복되면서 유해물질과 충돌(衝突)해 일어나는 신체의 역반응 현상(逆反應現像)이라면 이해가 될 것이다.

이 호전반응을 최소화할 수 있는 예방법은 좋은 물을 평소보다 많이 마시면 좋다. 좋은 물은 유해독소 물질들을 걸러내는 역할을 하며 이러한 좋은 물을 하루에 2ℓ 이상 마시면 호전반응의 정도나 기간을 줄일 수 있는 좋은 방법이다. 좋은 물을 손쉽게 많이 마실 수 있도록 하려면 '양질의 루이보스'를 끓여 차게 해 하루 8컵 정도 음용하면 기대 이상의 효과를 볼 수도 있다. 양질의 루이보스는 미량 영양소인 미네랄이 풍부해 영양대사를 촉진시키고 신진대사를 원활히 하며 신체의 활력을 증진시키는 효과가 있다.

1) 건강기능성 식품 복용 중 나타나는 호전반응

호전반응은 복합처방시 잘 나타날 수 있고 체력이 약할수록 더 심하다. 기초영양 식품군에서는 보기드문 현상이기는 하나 비타민C를 다량복용하면 방귀가 심하다. 기능성 식품인 키토올고당은 눈에 심한 충혈을 보이고 몸살을 앓으며, 대두레시틴(이소플라본 분말)은 생리통이 심하며 유즙이 보이고 젖몸살을 앓기도 한다. 버섯균사체와 EPA는 코피를 쏟기도 한다.

(1) 머리가 멍하고 무겁다고 느껴지면 뇌에 막혔던 미세혈

관이 뚫리면서 나타나는 현상이다. 손톱으로 두피를 누르면 바늘로 콕콕 찌르는 듯한 통증 있는 것은 자율신경이 좋아지고 있다고 할 수 있다. 머리가 어지럼증 비슷하게 어질어질하다면 심장기능이 안정되고 있다고 보면 좋다. 머리가 화끈거리고 아픈 편두통을 느끼면 늘어진 혈관에 신축성이 생긴다고 보면 좋다. 귀 뒤쪽에서 목덜미에 이르기까지 뻣뻣하고 꼬집듯이 만졌을 때 통증이 나타나면 뇌의 혈액이 정화되면서 이동하는 과정이다.

(2) 눈이 침침하고 눈물이 나는 현상은 눈이 맑아지고, 안질환의 원인이 개선되고 있는 것이다. 눈이 토끼눈처럼 붉고 뻑뻑하며 눈물이 나는 현상은 체내의 독소나 열이 눈으로 빠지고 있다고 보면 된다. 뒷목과 왼(오른쪽)어깨가 무거웠는데 반대쪽으로 옮겨갔다면 목뼈에 눌려 있던 신경이 자리를 잡아 가고 있다고 할 수 있다.

(3) 코에서 농과 피가 섞여 나오거나 콧물이 심하면 콧병이 개선되고 있다고 보면 좋다. 혈전이나 콜레스테롤이 약한 코의 점막을 뚫고 나오는 현상이다. 이때에는 두통이나 불쾌감이 없고 시원한 느낌을 받을 수 있다. 코피의 양은 차이가 있지만 2~5일간 하루에 한두 번 코피가 나기도 한다.

(4) 귀밑이 펄떡펄떡 뛰거나 귀가 멍하기도 하며 귀에 열이 나기도 한다.

(5) 목에 가래가 차거나 가래가 끓는다면 기관지의 상태가 좋아지고 있다는 징조이다. 목에 있는 양쪽 인대를 꼬집듯이 만지면 심한 통증을 느낄 수 있다. 손끝에 저림현상이 나타나고 이따금 팔 전체(한쪽)가 쥐나듯이 절임현상이 나타난다. 이때 고개를 저린 쪽으로 편히 기대면 쉽게 풀리기도한다. 이런 현상이 길게 2~3개월이 가기도한다. 콜레스테롤 수치가 높은 사람에게 잘 나타나는 반응이다.

(6) 사춘기처럼 유두가 아프고 젖몸살이 심하게 나기도 하며 간혹 약간의 유즙이 비치기도 한다.

(7) 가슴에 덩어리가 있는 듯하며 두근거리고 답답하고 어지럽고, 얼굴이 달아오르면 심장이 약할 때 나타나는 현상이다. 명치 밑에 체증을 느끼면서 불쾌하거나 소화기능이 떨어지면 위장장애가 있었음을 의심해 볼 수 있다.

(8) 간이 나쁠 때(간경화, 간암)에는 피를 토할 수도 있는데 당황하지 말고 진정시키고 안정을 찾으면 병원에서 간기

능 검사나 정밀진단을 받아 보는 것이 좋다.

(9) 온 몸이 두들겨 맞은 것처럼 아프면서 몸살 난 것처럼 아픈 현상이 나타나기도 하는데 췌장기능이 개선되고 있다고 볼 수 있다. 대부분 쇠약한 체질에서 흔히 나타나며, 2~3일에서 길게는 일주일 정도 심한 몸살을 앓는다. 이때 몸살약을 병행하거나 심하면 2~일 식품의 복용을 중단할 수 있으나 빠른 회복을 위해서는 참고 견디는 것도 좋다. 잠을 자도 졸리면 몸이 허약해서 오는 현상이며 심장병이나 관상동맥에 이상이 보인다. 세상만사가 귀찮고 무기력증에 빠지면 이런 현상이 사라질 때까지 편히 쉬도록 하는 것이 최선이다.

(10) 방귀가 심하고 냄새가 지독하면 장환경이 개선되고 있으며, 장기적인 약물복용이나 수술과 마취의 경력이 많은 사람일수록 심하다. 장환경이 좋아지면 방귀의 횟수는 줄어들고 냄새가 나지 않는다. 같은 시기에 설사와 변비가 번갈아 나타나기도 한다면 장내의 염증이 개선되고 있다고 보면 좋을 것이다. 속이 울렁거리며 메스껍고 구토증을 느끼기도 하는데 위장기능이나 간기능이 좋아지면서 나타나기도 한다. 변이 굳고 색이 검으면서 변비증세가 2~3일 정도 지속되

면 식습관을 확인하고 장폐쇄증(자주 굶는 사람)을 의심해 보고 병원의 진단을 권유하는 것이 좋다.

(11) 허리의 통증이 아래 위로 또는 좌우로 옮겨다니면 좌골(신경)통이 좋아지고 있다고 볼 수 있다. 옆구리 통증이 잦으면 등뼈와 갈비뼈의 연결이 정상을 찾아가고 있으며 당뇨나 심장병 또는 위장병의 소견이 개선되고 있다고 볼 수도 있다.

(12) 소변이 뭉글뭉글하거나 기름이 뜨고 코풀처럼 엉기는 현상이 보이면 신장이 기능을 회복하고 노폐물이 배설되고 있다.

(13) 갑자기 입맛이 사라지고 식욕이 떨어지면 한두 끼 굶어보는 것도 나쁘지 않다. 소변이 지나치게 노랗거나 아침에 붉은 소변을 보면 쓸개기능이 약한 경우도 있으니 육류는 가급적 피하고 신선한 야채나 과일을 많이 먹고 장국을 즐겨 먹는 것도 좋다. 신장과 방광기능이 좋지 못하면 소변색이 맑지 못하며 소변에 거품이 많고 심한 냄새가 난다.

(14) 속옷에 혈흔을 보이기도 하며 자궁환경이 나쁠 때에

는 하혈을 할 수도 있다. 생리가 불규칙하고 생리혈이 검으며 군데군데 뭉쳐 나오기도 한다. 생리통이 심하며 평소보다 냉이 심하고 심한 냄새를 동반할 수도 있다.

(15) 수술 부위나 다쳤던 부위가 가려운 현상이 나타나면 혈행이 개선되고 어혈이 풀리고 있다고 볼 수 있다. 피부에 홍반이나 열꽃이 나타나고 머리밑이 헐거나 부스럼이 생기며 피부에 가려운 증세가 3~10일간 지속되기도 하는데 피부염이 개선되고 있는 증세다. 신장기능이 약하면 아침에 얼굴이나 손발에 부종이 나타나기도 한다.

(16) 몸에서 냄새가 심하게 나면 폐암을 의심해 보고, 열없이 몸살기가 심하면 악성종양(각종 암)을 의심할 수 있으므로 **병원에서 정밀검사를 받도록 권유**한다.

호전반응은 여러 형태로 나타날 수 있으므로 가용자와 관리자 간에 수시로 대화가 필요하다. 미구에 나타날 현상을 사전에 알려주어 가용자가 관심을 가지고 관찰할 수 있도록 하는 것은 매우 중요한 일이다. 심한 몸살기가 나타나면 가용자와 상담을 통해 적절한 조치를 취해야 한다. 이 조치가 미흡하면 상호간에 믿음이 깨지고 가용자는 부작용으로 오해해 중도에 포기하게 된다.

2) 물은 호전반응을 최소화 한다

좋은 물은 신체 내에서 채액의 순환력을 좋게 한다. 신장
(콩팥)은 인체의 체액을 하루에 180 *l* 를 여과하는 중노동을
하고 있다.

> **좋은 물의 역할 :**
> ① 신장의 노동력을 줄여주고 혈액이 정화해
>   노폐물의 배출량을 증가시킨다.
> ② 세포의 내외를 넘나들면서 산소와 영양을 공급한다.
> ③ 에너지로 쓰고 남은 노폐물을 신장으로 끌고 나온다.
> ④ 혈관에 쌓여 미처 배출되지 못하고 산화된
>   콜레스테롤이나 혈전도 몰고 나온다.

우리가 먹는 물은 90일의 긴 노정을 마치고 체외로 배출된
다. 우리가 수분이 많은 음료나 물을 마시면 용변이 보고 싶
어져 마신 물이 바로 배설되는 것으로 착각하기 쉬우나 오
줌은 이미 90일 전에 마신 물이 방금 마신 물에 밀려 나오는
것이다. 물이 우리 몸에서 하루에 필요한 양은 2.3 *l* 이지만

우리가 먹는 물의 양은 그에 훨씬 못 미친다. 국을 통해 0.5 l, 음료 등 마시는 물이 1 l, 신장에서 재활용되는 양이 0.3 l 다. 그렇다고 보면 0.5 l 는 늘 부족하다고 볼 수 있다. 주름은 체내 수분이 부족해 생기는 노화현상이다.

산성에서 알칼리로 환원력(還原力)이 빠른 물을 기능수라고 하며 기능수는 전기분해를 통해 생산하고 전해환원수라고 하며, 알칼리 이온수라고도 부른다. 알칼리 이온수를 원하는 이유는 우리 몸의 체액이 약알칼성이기 때문이다. 또한 활성수소가 풍부한 전해환원수는 활성산소를 중화시키며 체외배출이 용이하도록 도와준다.

주의 : 호전 반응이 심할 경우에는 가까운 병원을 찾아가 전문의의 자세한 검진을 받도록 해야 한다.

알칼리 이온수의 장점 :

① 체내의 산성이온을 알칼리이온으로 바꿔 주는
   환원력이 뛰어나다.

② 흡수가 빨라 순환력이 뛰어나 45일 정도면 체외로
   배출되며, 복합처방에 의한 영양소를 적기적소에
   신속하게 세포까지 전달해 준다.

③ 산성화된 노폐물도 신속하게 배출시켜 줌으로써
   호전반응을 최소화할 수 있다.

④ 독성물질을 빠르게 체외로 배출시킨다.

3. 미래의 각광받는 건강기능성 식품

건강기능성 식품에 관한 법률은 제정의 의미에서 잘 나타나 있다. 건강에 대한 일반인의 관심이 어느 때보다 고조되고 있는 가운데 건강기능성 식품들이 개방의 물결을 타고 끝도 없이 밀려들고 있다. 바이오산업은 부가가치가 높은 반면에 현대인들의 건강상태는 위험수위를 육박하고 있음을 인정하고 있기 때문이다.

건강기능성 식품은 국민의 건강증진과 의료비의 절감이라는 두 마리 토끼를 잡을 수 있는 기대산업이다.

한의학을 의료산업으로 육성해 세계시장으로 눈을 돌려야 할 때다. 한의학(韓醫學)의 모태는 중의학(中醫學)임에는 틀림없을 것이다. 우리의 한의학은 선조들의 피땀어린 노력의 결과로 중의학 못지않은 독보적인 발전을 거듭해 왔다. 중국은 정부 차원에서 중의학 수출의 길을 적극 모색하고 있음을 볼 수 있었다. 이진길(李振吉) 중의학부 국장은 '안전하고 체계적인 중의학을 전세계에 알리는 노력을 경주하고 있다'고 힘주어 말했다.

미국의 건강기능성 식품은 슈퍼마켓에서 팔릴 정도로 일반화된 하나의 상품이다. 우리에게 뒤늦게 불어온 웰빙바람으로 건강기능성 식품의 필요성이 이제야 그 기지개를 켜고 있다. 우리의 처지와 비교해 볼 때 요원함을 감내하기란 어렵지만 수입상품이라고 해서 그 질적인 우수성을 보장받을 수 있는 것도 아니다. 관리감독 관청의 규제를 넘어 일반소비자나 유통업자의 국내 브랜드 제품의 신뢰성 제고가 시급하다 할 것이다. 단순히 팔아서 이익금을 챙기는 수준이 아닌 가용자가 먹고 효용성을 느낄 수 있는 가치 있는 상품관리에 적극적인 동참이 요구된다.

베이징대학교 중의학과 약학대 정수정(鄭守曾) 교수는 중의학이 나갈 방향을 이렇게 말한다.

"입증적인 현대과학에 묻혀 우리만의 희귀성에 대한 가치의 상실과 때늦은 상실감을 상쇄하기 위해, 보다 적극적인 투자와 다양한 경로를 통한 정책이 절대 필요하다. 소비자 피해를 줄이고자 하는 규제 일변도의 정책보다는 활발한 연구와 임상적 경험이 필요하며 따라서, 특정기관이나 특정인에게 국한되는 것은 발전의 속도나 과정이 복잡해 현실화되기까지는 너무 요원하다."

건강기능성 식품에 관한 한 우리의 사정도 별반 다를 것이 없다. **기능성 식품으로** 질좋은 상품공급과 가용자의 기대에 적극 부응하고자 하는 올바른 건강관리에 초점을 맞추어야 한다. 진료인은 물론 건강관리자로 일하고 있는 사람들과 함께 기능성 식품에 대한 이해를 공유하면서 국민건강 증진에 큰 보탬이 될 수 있기를 기대해 마지 않는다. 나아가 우리 브랜드 상품이 국제시장에서 효용성을 인정받아 국익을 크게 신장하는 일익을 담당할 수 있기를 간절히 소망한다.

제4장

뉴 라이프 스타일을 위한 어드바이스

'나빠진 건강, 어떻게 관리할 것인가'

　웰빙바람은 최근에 새롭게 부각되고 있는 건강한 삶을 살고자 하는 소망에서 시작됐다. 2004년부터 불어닥친 웰빙바람은 "어떻게 하면 잃어버린 건강을 되찾을 수 있을까"라는 과제를 안고 있다. 도시 한가운데 있는 조깅코스에는 노인이나 젊은이들이 삼삼오오 짝을 지어 걷는 모습을 어렵지 않게 보게 된다. 각종 메스컴에서도 국민건강과 관련한 기획프로그램에 어느 때보다 적극적이다. 신문이나 잡지도 헬스 관련기사가 독자들의 눈길을 끈다.

　모든 산업이 웰빙이라는 어휘를 상품판매 전략에 적극적으로 활용하고 있다. 이러한 사회적 분위기는 결국 상품정보가 부족한 소비자에게는 터무니없는 바가지를 씌워 판매자와 소비자 간에 불신의 벽을 높이기도 한다.

　'잘 먹고 잘 사는 법'을 찾아내기란 아직도 요원하다. 강력한 규제는 약삭빠른 편법을 낳고 그들 앞에 성실성과 정직성을 외면당한 채 우매함을 개탄하고 있다. 판매자는 소비자에게 올바른 선택을 위한 매개체가 되어야 한다.

1. 몸이 말하는 건강 적신호

1) 건강이란 무엇인가?

시술	신체적 결함		건강증진과 유지보전	
결함	장애 (환자) disease	징후 (반환자) pre-disease	관리 (반건강인) poor-health	양호 (건강인) health
적극적인 대처	치료 시기		관리 시기	

건강이란 '단순히 질병이 없거나 허약하지 않은 상태를 말하는 것이 아니라, 신체적인 것과 정신적인 것뿐만 아니라 사회적으로 완전히 편안한 상태'이다.

-세계보건기구(World Health Organization)

건강의 정의를 과거와는 달리 신체는 물론, 정신과 사회적으로 완전한 상태로 다양화하고 있음을 여실히 보여주고 있다.

오늘을 사는 현대인들은 다양하고 복잡한 사회적 환경에서 최상의 건강상태라고 할 수는 없다. 이러한 관점에서 건강을 유지하고 증진함으로써 질병으로부터 벗어날 수 있는 예방이 더 높은 관심거리가 되고 있다. 우리의 건강은 어느날 갑자기 나빠지는 것이 아니라 자신의 건강에 대한 무관심이 조금씩 쌓인 것으로 길게는 10~20년간 축적된 결과이다. 건강관리는 평소 건강에 관련된 지식과 정보를 수집하고 자신의 건강상태를 정기적으로 점검해 개선해 나가는 것이 올바른 방법이 될 것이다.

2) 설문지로 알아보는 건강체크

우리의 건강을 해치는 여러가지 원인들을 정확히 살펴볼 수는 없겠지만 우리 스스로 간단하면서도 쉽게 자신의 건강을 체크해 볼 수 있도록 몇가지 사례를 통해 간단히 확인해 보자.

* 자가 건강 체크 리스트

자신의 건강을 위해 필기용 도구를 통해 체크 해 봅시다.

성 별	ⓝ 남		ⓔ 여	
체 중	저체중	정상		과체중
연 령	10대 20대 30대 40대 50대 60대 70대 80대			
직 업	학생 특수직 영업직 사무직 관리직 생산직 노무직 무직			

(1) 스트레스가 원인이 된 신체장애

평소에 느끼는 불편감을 체크해 보자. 아래 항들은 몸이 받는 스트레스나 정신적인 스트레스가 원인이 되어 신체가 나타내는 상태를 나열한 것들이다. 이 중에 한 가지라도 해당 사항이 있다면 당신의 건강에 적신호가 왔음을 깨달아야 한다.

⊙ 가슴이 답답하거나 숨이 차기도 합니까?

⊙ 생리시 통증이 있습니까?

⊙ 항문이나 외부 생식기가 따갑고 아픕니까?

⊙ 목 안에 무엇인가 이물질이 있는 느낌이 있습니까?

⊙ 잠깐 사이에 했던 일들을 자주 잊기도 하나요?

⊙ 구토증세가 자주 나타납니까?

⊙ 손발 저림의 증세가 자주 나타납니까?

위 내용 중 3개 이상 해당 사항이 있으면 전문의의 진료가 필요하다.

(2) 인체의 신진대사를 방해하는 변비

인체의 소화기관은 생명현상을 총괄(總括)하는 장기이다. 생명을 유지하는 데 필요한 에너지원인 음식물을 먹어서 소화된 영양소를 흡수하고 배설한다. 대사과정에서 생긴 독성성분은 배출되지 못해 주변의 장기들은 해독을 위해 중노동을 강요당하며 끝내는 무기력증에 빠지게 하기도 한다.

⊙ 대변보는 횟수가 일정치 않습니까?

⊙ 대변을 보는 시간이 길고 힘이 드나요?

⊙ 하루 중 대변을 보다가 실패하는 횟수가 잦나요?

⊙ 변비는 언제부터 생겼나요?

> ⊙ 월간 배변 시 통증이 있는 횟수가 많습니까?
>
> ⊙ 배변후 잔변감이 있나요?
>
> ⊙ 배변 시 힘이 들고 시간이 오래 걸립니까?
>
> ⊙ 보조수단없이 변을 볼 수 없습니까?

위 내용 중 3개 이상 해당 사항이 있으면 전문의의 진료가 필요하다.

(3) 무기력증에 시달리는 만성피로 증후군

사회가 다양화됨으로써 현대인들은 과중한 업무로 지쳐 있다. 우리 몸도 기계와 다름없이 과열을 방지하고 기름을 치고 보살필 때 더 큰 능률을 기대할 수 있다. 육체적인 휴식은 물론이거니와 정신적인 휴식도 꼭 필요하다.

> ⊙ 쉬어도 쉬어도 피곤하십니까?
>
> ⊙ 몸에 열이 나며 가끔 추위를 느낍니까?
>
> ⊙ 전신이 아프고 근육통이 있나요?
>
> ⊙ 숙면을 취할 수 없습니까?
>
> ⊙ 집중력이 약해지고 계산이 자꾸 틀립니까?

⊙ 자신감이 없어지고 자꾸 우울해집니까?

⊙ 머리가 아프고 무겁습니까?

⊙ 목이 잘 붓고 아프며 목에 무언가 걸린 듯 하나요?

⊙ 신경이 예민해지고 화를 참지 못하나요?

⊙ 일시적으로 온 몸에 힘이 쭉 빠집니까?

⊙ 생리통이 점점 심해진다고 느끼십니까?

⊙ 뒷목이 뻣뻣하고 통증이 있습니까?.

⊙ 소변을 보고 나도 개운하지 않습니까?

⊙ 평소에도 멀미증세가 나타납니까?.

⊙ 맥박이 불규칙하고 빨라지나요?

⊙ 눈이 침침해지며 자주 눈을 부비나요?

⊙ 입이 자꾸 마르고 갈증을 느끼나요?

⊙ 변비와 설사를 반복한 적이 있나요?

⊙ 손마디가 자주 붓습니까?

⊙ 잠자고 나면 식은땀에 젖어 있나요?

⊙ 가끔 얼굴이 달아오르며 화끈거립니까?

위 내용 중 10개 이상 해당 사항이 있으면 전문의의 진료가 필요하다.

(4) 체내 알카리 농도를 알아보는 식습관

체내 알카리 농도는 건강의 바로미터(barometer)이다. 그 사람의 식습관은 자신의 건강에 대한 관심을 알아볼 수 있다. 오늘 얼마나 균형 잡힌 식사를 했느냐는 훗날 자신의 몸이 말해 줄 것이다.

⊙ 식사때면 언제나 과식합니까?

⊙ 식사할 때 는 늘 골고루 먹겠다고 생각하나요?

⊙ 하루 세끼를 다 먹고 있습니까?

⊙ 야채류를 즐겨 먹거나 좋아하나요?

⊙ 당근, 시금치와 같은 녹황색 야채류를 잘 먹습니까?

⊙ 과일을 날마다 먹고 있나요?

⊙ 고기, 생선, 계란, 콩 제품 등 단백질 식품을 좋아하나요?

⊙ 우유는 날마다 거르지 않고 마십니까?

⊙ 기름에 튀기거나 구운 음식을 잘 먹나요?

⊙ 미역, 다시마 같은 해초류를 자주 먹나요?

(5) 생활습관으로 알아보는 심·혈관 질환

우리 몸의 중요기관은 미세한 혈관 덩어리로 이루어져 있다. 지각능력을 가진 뇌, 모든 영양소의 창고역할을 하는 간, 피를 펌프질하는 심장 등의 기관들이 무기력해지면 기능수행에 차질이 생겨 바로 질병이 발생한다. 피를 뻑뻑하게 하는 것은 과산화지질이며 혈관의 벽에 쌓이기도 하고 혈관을 막기도 한다.

⊙ 하루 당신의 흡연량은 보통 기준을 넘는다고 생각하십니까?

⊙ 정상 체중과 비교해서 당신의 체중은 많이 나갑니까?

⊙ 자신의 염분섭취 정도와 수축기혈압이 정상입니까?

⊙ 육류의 섭취량, 또는 혈중 콜레스테롤치가 높다고 생각되십니까?

⊙ 날마다 운동을 안하고 계십니까?

⊙ 매일 느끼는 스트레스는 보통인에 비해 높다고 생각하십니까?

위 내용 중 3개 이상 해당 사항이 있으면 건강에 관심을 갖고 건강관리에 소홀히 해서는 안 될 것이다.

(6) 생체리듬(Biorhythm)을 깨는 갱년기 장애

여성의 전유물로 알고 있는 갱년기(更年期) 장애는 남성도 예외일 수 없다. 여성의 95%가 겪는 갱년기 장애는 남성의 70%가 경험하고 있다고 한다. 호르몬 분비가 순조롭지 못해 나타나는 여러 증세로 남성과 여성이 겪는 불편감에는 다소 차이가 있지만 많은 사람들이 겪고 있는 신체의 기능 장애이다.

⊙ 가끔 얼굴이 달아오를 때가 있나요?

⊙ 항상 머리가 멍한 상태입니까?

⊙ 두통으로 자주 힘들거나 장기간 아프기도 합니까?

⊙ 쉽게 흥분하고 감정 억제가 안되나요?

⊙ 늘 기분이 울적하고 우울한 상태인가요?

⊙ 혼자된 기분으로 늘 외로움에 젖어 있나요?

⊙ 쫓기는 듯한 불안감이 마음 속에 있나요?

⊙ 잠들기가 무척 어렵습니까?

⊙ 늘 피로에 지쳐 있나요?

⊙ 허리에 통증을 자주 느끼나요?

⊙ 늘 뼈마디가 쑤시고 아픕니까?

⊙ 근육이 무겁고 통증을 느낍니까?

⊙ 얼굴이 검어지고 점점 털이 많아 집니까?

⊙ 화장이 안받고 피부가 건조해지나요?

⊙ 성적 흥미를 잃어가고 있지 않나요?

⊙ 성감이 평소와 달라졌다고 느끼십니까?

⊙ 질에 건조감을 느끼기도 합니까?

⊙ 성교시 통증이 있고 불쾌감이 남아 있나요?

위 내용 중 7개 이상 해당 사항이 있으면 전문의의 진료가 필요하다.

(7) 고민, 무능, 비관, 염세, 허무에 사로잡히는 우울증

현대인들은 극심한 경쟁사회로 인해 약간의 우울증을 갖고 있다고 해도 과언이 아니다. 우울증은 지나치게 집착하거나 고심해 극도로 위축되는 심리상태이다.

⊙ 사소한 일에도 슬퍼지고 불행하다고 느끼나요?

⊙ 장래에 대한 기대는 아예 절망적입니까?

⊙ 자신이 회복불가능한 실패한 인간이라고 생각되나요?

⊙ 불만과 짜증만이 내 인생인 것처럼 느끼나요?

⊙ 항상 죄책감에 살아가고 있나요?

⊙ 나는 지금 벌을 받고 있는 중이라고 생각하십니까?

⊙ 나는 내 못난 자신을 증오하고 있나요?

⊙ 잘못된 일은 모두 내 못난 탓이라고 여기나요?

⊙ 기회만 되면 꼭 죽고 싶다고 생각하십니까?

⊙ 더 이상 나올 눈물조차 없나요?

⊙ 이제는 짜증내는 것 조차도 지겹습니까?

⊙ 사람들은 아예 관심조차도 없나요?

⊙ 나는 어떤 결단도 할 수 없다고 느끼나요?

⊙ 내 모습은 추해져서 볼 수가 없다고 느끼십니까?

⊙ 아예 아무 일도 할 수가 없다고 생각하나요?

⊙ 밤중에 깨서 공상에 사로잡혀 전혀 잠을 못자나요?

⊙ 무기력하고 피로해서 아무 일도 할 수가 없나요?

⊙ 아예 먹고싶은 생각이 전혀 없습니까?

⊙ 근래에 와서 몸무게가7kg 가량 줄었습니까?

⊙ 만약 고칠 수 없는 병에 걸리면 어떻게 할까 고민하나요?

⊙ 전혀 정력이 일지 않습니까?

위 내용 중 5개 이상 해당 사항이 있으면 전문의의 진료가 필요하다.

이상의 건강 체크를 통해 관심이 있는 질환에 대해 자신의 느끼는 정도를 보다 정확히 알아볼 수 있을 것이다. 좋지 못한 결과가 나왔다고 해도 크게 걱정할 필요는 없다. 어떻게 해서 스스로가 건강을 해치고 있었는지에 대해 어느 정도 느낄 수 있었으리라 생각된다.

건강에 보다 깊은 관심을 가지고 관리해 가는 것이 건강을 회복하는 지름길임을 강조해 두며 항상 건강을 위해 긴장을 늦추지 말고 이상이 있을 경우에는 전문의의 진료를 받는 것이 좋다.

1. 체질감별과 건강관리와의 상관관계

예로부터 건강은 그 사람의 성격과 많은 연관성을 가진다고 한다. 즉, 사람마다 정신적인 스트레스를 받는 정도의 차이가 크다. 태양인(太陽人)은 강직하고 독선적이며 소양인(少陽人)은 나서기를 좋아한다. 태음인(太陰人)은 너그러우나 고집이 세고 소음인(少陰人)은 내향적이며 사색적이다.

1) 태음인(太陰人)

쓸개(膽)는 튼튼하게 태어났으나 대장(大腸)을 약하게 태어난 체질이다. 또 간(肝)은 튼튼하게 태어났으나 폐(肺)를 약하게 태어났다. 튼튼하게 태어난 장기(臟器)가 건강하지 못하다면 평소에 소홀히 관리한 결과이며, 약하게 태어난 장기는 잘 관리하려는 노력이 필요하다.

자주 발병할 수 있는 질환 : 기관지염, 천식, 알레르기성 비염, 습진, 무좀, 두드러기, 알레르기성 피부질환, 대장염, 변비, 치질, 노이로제, 무릎관절, 뇌출혈, 뇌경색, 심장병, 요통, 귀에 관한 질병 등이 잘 나타날 수 있다.

몸에 맞지 않는 식품군 :

곡류 : 보리, 검은콩, 검은팥, 메밀, 녹두, 들깨, 검은깨, 호밀,
　　　 동부(돈보)

채소류 : 유색(赤)상추, 깻잎, 미나리, 샐러리, 케일, 신선초,
　　　 컴프리, 비트, 숙주, 영지, 운지버섯

과일 : 참외, 포도, 모과, 배, 감, 곶감, 머루, 매실, 대추,
　　　 파인애플, 바나나, 키위

해산물 : 새우, 굴, 낙지, 조개, 소라, 게, 바지락, 전복, 참치,
　　　 오징어, 문어, 고등어, 청어, 정어리, 갈치, 어패류,

피해야 할 약재 : 감수계지, 영사, 석고, 시호, 황백, 인삼, 결명자, 오미자, 오가피 등

성품 : 성실하며 부지런하다. 겉으로 드러내기보다 참을성이 많아 정신적인 스트레스를 많이 받는다. 마음에 쌓아 두지 말고 그 즉시 푸는 것이 건강에 이롭다.

2) 소음인(少陰人)

이 체질은 대장은 튼튼하게 태어났으나 쓸개를 약하게 타고 난 체질이다. 또 폐를 튼튼하게 태어났으나 간은 약하게 태어났다. 돼지고기가 잘 맞지 않으며 지나친 운동이나 찬 음식을 피해야 한다.

자주 발병할 수 있는 질환 : 만성위염, 급성위염, 위산과다, 소화불량, 위장병, 신경성 위장병, 과민성 대장증상, 우울증, 신경성 질환, 수족냉증, 빈혈, 설사, 생리불순, 생리통, 견비통, 갑상선염, 요통, 무릎관절, 당뇨, 고혈압, 중풍, 손발 저림, 시력이 약함

몸에 맞지 않는 식품군 :

곡류 : 보리, 팥, 수수, 검은콩, 율무, 메밀, 녹두, 들깨, 검은깨, 호밀, 동부(돈보)

채소류 : 오이, 당근, 배추, 유색상추, 도라지, 더덕, 참마, 깻잎, 미나리, 케일, 신선초, 컴프리, 비트, 숙주, 영지, 운지버섯

과일 : 머루, 매실, 파인애플, 참외, 포도, 배, 감, 수박, 바나나, 키위

해산물 : 새우, 굴, 조개, 소라, 게, 바지락, 전복, 오징어, 낙지, 문어, 고등어, 꽁치, 청어, 정어리, 참치, 갈치, 멍게, 해삼, 어패류,

피해야 할 약재 : 갈근, 감수, 교맥, 대황, 염사, 마황, 석고, 시호, 황백, 황련, 구기자, 오미자, 오가피 등

성품 : 보편적으로 지혜롭고 사람 사귀기를 좋아한다.

3) 소양인(少陽人)

이 체질은 위(胃)는 튼튼하게 태어났으나 방광(膀胱)을 약하게 태어난 체질이다. 또 비장(脾臟)은 튼튼하게 태어났으나 신장(腎臟)을 약하게 태어났다. 약하게 태어난 장기는 평소 잘 관리하려는 노력이 필요하다.

자주 발병할 수 있는 질환 : 신장염, 방광염, 요도염, 부종, 요통, 디스크, 수하증, 당뇨, 고혈압, 기관지, 중풍, 위산과다, 위염, 위궤양, 알르레기성 비염, 잇몸 질환(풍치), 수족냉증, 손발 저림, 뒷목이 뻣뻣한 증상, 과민성 대장염, 좌 우골 신경통 등

몸에 맞지 않는 식품군 :

곡류 : 현미, 찹쌀, 율무, 수수, 메주콩(흰콩:大豆), 붉은팥,
　　　옥수수, 참깨

채소류 : 당근, 감자, 고구마, 도라지, 더덕, 참마, 콩나물,
　　　부추, 생강, 양파, 파, 달래, 씀바귀, 고구마순, 파슬리, 비트

과일 : 귤, 오렌지, 레몬, 자몽, 모과, 머루, 대추, 사과

해산물 : 김, 미역, 다시마, 파래, 조기, 멍게, 해삼, 도미,
　　　전어, 미꾸라지

기타 식품 : 밤, 땅콩, 아몬드와 같은 건과류, 참기름, 카레,
　　　후추, 겨자, 흰 소금, 흰 설탕, 흰 밀가루, 홍차, 커피,
　　　닭고기, 개고기, 염소고기, 양고기 등의 육류

피해야 할 약재 : 인삼, 녹용, 꿀, 오가피, 계피, 생강, 부자
조각, 침향, 석고, 결명자

성품 : 말처럼 추진력이 좋으며 책임감도 강함

4) 태양인(太陽人)

이 체질은 대장은 튼튼하게 태어났으나 쓸개를 약하게 태어난 체질이다. 또 폐는 튼튼하게 태어났으나 간을 약하게 태어났다. 이 체질은 마시는 물과 목욕물은 냉수가 좋고 단전호흡을 권할 만하다. 술, 담배가 가장 해로운 체질이다.

자주 발병할 수 있는 질환 : 간장 질환, 식도경련, 식도 협착증, 위 무력, 안질, 다리가 약해지고 힘이 없는 병, 허리디스크, 요통, 상습 피로, 무기력 증, 축농증

몸에 맞지 않는 식품군 :

곡류 : 메주콩(大豆), 붉은팥, 현미, 찹쌀, 차조, 율무, 수수, 참깨

채소류 : 열무, 무, 도라지, 당근, 더덕, 유색상추, 생강, 콩나물,
　　　　참마, 구추, 미나리, 비트, 샐러리, 어성초, 신선초,
　　　　대부분 뿌리채소, 영지, 운지버섯

과일 : 수박, 사과, 멜론, 참외, 매실, 대추, 참외

육류 : 쇠고기, 돼지고기, 닭고기, 양고기, 개고기, 염소고기,
　　　　노루고기

기타 식품 : 호두, 은행, 밤, 땅콩, 민물장어, 계피, 참기름,
　　　　카레, 후추, 겨자, 흰 설탕, 흰 밀가루, 버터, 홍차, 커피

피해야 할 약재 : 인삼, 녹용, 모든 약(한약, 양약포함), 결명자, 구기자, 오미자

성품 : 리더십이 있고 대성할 타입

모든 체질에 적합한 식품군 :

곡류: 백미, 강낭콩, 넝쿨콩, 선비콩, 청테콩, 주머니콩, 밤콩,

   아주까리콩, 메주, 기장

채소류 : 양배추, 푸른 상추, 근대, 시금치, 쑥갓, 연근, 우엉,

   피망, 가지, 호박, 아욱, 취나물, 고사리, 고비, 돈 나물,

   토란, 냉이, 브로콜리, 죽순, 아스파라거스, 두릅, 도토리묵,

   쑥, 소리쟁이, 솔잎, 치커리 잎, 어성 초, 삼백초, 클로레라

과일류 : 딸기, 토마토, 살구, 자두, 앵두, 체리 등 낱알이 작은 과실

버섯류 : 송이버섯, 표고버섯, 팽이버섯, 느타리버섯, 싸리버섯

육류 : 오리고기, 칠면조고기

해산물 : 북어, 생태, 대구, 민어, 아지, 가자미, 우럭, 서태,

   광어, 옥돔, 아구, 이면수, 노가리, 삼치, 멸치

기타 식품 : 민물게, 자라, 잉어, 붕어, 메기, 가물치, 물엿,

   치즈, 멸치젓, 명란젓, 재첩, 구연산

주의 - 사상체질과 관련하여 건강식품에 관한 내용과는 상의할 수도 있지만 본 자료는 동의보감 및 이제마 사상체질, 팔상체질에 의거하여 재편집을 하였음을 밝힙니다-

참고문헌 및 자료출처

잘못된 식생활이 성인병을 만든다

〈미 상원 영양문제 특별위원회 저〉 형성사

건강 생활문고 제41호외 다수〈국민 의료보험 공단〉

이제마의 사상체질 이야기

인간의 몸이 원하는 물 전해환원수

〈시라하타 사네타카. 카오무라 무네노리 공저〉

현대병의 원리와 무공해 치료식품 / 동아 / 홍문화 감수

허준 동의보감 / 둥지 / 홍문화

한권으로 읽는 동의보감 / 들녘 / 신동원, 김남일, 여인석

수맥을 알면 건강이 보인다 / 태일출판사 / 이동운 감수

건강보조식품 알고 먹읍시다 / 그린피스 E&T / 임근형

나만의 셀프 피부건강 / 가림출판사 / 양해원

생활속의 웰빙 항암식품 / 가림출판사 / 양해원

무공해 치료식품 / 국일문화사 / 홍문화

한국인의 건강 / 문학 세계사 / 이상구

8체질 건강법 / 고려원 미디어 / 8체질 의학회

건강 기능식품 / 대한약사회

안심하고 먹고 싶다 / 비전코리아 / 니시지마 모토히로

유쾌하게 나이먹는 건강상식 / 나무의 꿈 / 시오자와 오키토

건강기능 식품 교육 교재 각 회사별 자료 참조

- 참고 : 인터넷과 잡지를 인용한 재편집 자료로 엮음 -

우리가 함께 하면 그것은 새로운 현실의 출발이다

새로운 미래를 생각하는 정직한 출판

진취적인 생각과 긍정적인 생활로

새로운 삶을 찾아

도전과 용기있는 변화에 도전하는

아름다운 당신의 미래 모습을 찾아드립니다

행복한 가정, 행복한 미래 - 도서출판 모아북스의 마음입니다

경제 · 경영도서 · 사보 · 각종 광고(신문잡지) · 카탈로그 · 기업 · CIP · 기획 제작

모아북스가 참신한 원고를 찾습니다

www.moabooks.com

모아북스
MOABOOKS
기타 문의 사항이 있으시면 연락을 주십시오.
E-mail :moabooks@hanmail.net
독자관리팀 : TEL 0505-6279-784